W0173570

Gerhard Fasching

Man sollte nicht den Finger, der auf den Mond weist, für den Mond selbst halten

Springer-Verlag Wien New York

O. Univ.-Prof. Dr. techn. habil. Gerhard Fasching
Technische Universität Wien
Wien, Österreich

Das Werk ist urheberrechtlich geschützt.
Die dadurch begründeten Rechte, insbesondere die der Über-
setzung, des Nachdruckes, der Entnahme von Abbildungen, der
Funksendung, der Wiedergabe auf photomechanischem oder ähn-
lichem Wege und der Speicherung in Datenverarbeitungsanlagen,
bleiben, auch bei nur auszugsweiser Verwertung, vorbehalten.

© 1995 Springer-Verlag/Wien
Printed in Austria

Satz: Reproduktionsfertige Vorlage des Autors
Druck: Fa. Novographic, A-1238 Wien
Bindearbeiten: Fa. Papyrus, A-1100 Wien

Gedruckt auf säurefreiem, chlorfrei gebleichtem Papier – TCF

Mit 11 Abbildungen

Umschlagbild: Mori Ippo, Herbstgräser unter dem Mond

Die Deutsche Bibliothek – CIP-Einheitsaufnahme

Fasching, Gerhard :
Man sollte nicht den Finger, der auf den Mond
weist, für den Mond selbst halten / Gerhard
Fasching. – Wien ; New York : Springer, 1995
  ISBN 3-211-82643-2

ISBN 3-211-82643-2 Springer-Verlag Wien New York

Das Tao, über das ausgesagt werden kann,
Ist nicht das absolute Tao.
Die Namen, die gegeben werden können,
Sind keine absoluten Namen.

Das Namenlose ist der Ursprung des Himmels und der Erde,
Das Benannte ist die Mutter aller Dinge.

Laotse

INHALTSVERZEICHNIS

"MAN SOLLTE NICHT DEN FINGER,
DER AUF DEN MOND WEIST,
FÜR DEN MOND SELBST HALTEN."

Eine buddhistische Parabel lehrt uns diese Selbstverständlichkeit. Und trotzdem halten wir das Bild, das die Naturwissenschaft zeichnet, für die einzig legitime Art, wie man Wirklichkeit sehen kann.

An sich wäre es weiter nicht schlimm, einem solchen Trugschluß aufzusitzen - höchstens einfältig. Wie gesagt, es wäre nicht schlimm, wenn nicht gerade dieser Trugschluß uns in viele ernste Probleme führen würde, aus denen wir uns heute kaum befreien können. Insofern sind diese Überlegungen höchst aktuell.

Ich will es mir nicht hinterher vorwerfen lassen, darum sage ich es gleich zu Beginn: Ich mute Ihnen zu, am Ende meiner Ausführungen mehrere Wirklichkeiten zu sehen und auch in mehreren Wirklichkeiten zu leben.

Eine buddhistische Parabel lehrt uns:

Man sollte nicht den Finger, der auf den Mond weist, für den Mond selbst halten.

Und trotzdem halten wir oft das Bild, das die Naturwissenschaft zeichnet, für die einzig legitime Art, wie man die Wirklichkeit sehen kann.

Herbstgräser unter dem Mond. MORI IPPO (1798 - 1871)

Ja, kann man denn jenes, was das Wort *Wirklichkeit* meint, überhaupt verdoppeln und vervielfachen? Von *Wirklichkeit* gibt es doch keinen Plural, keine Mehrzahl. Sogar unsere Sprache wehrt sich also gegen eine solche Zumutung. Ich werde es nicht leicht haben, Ihnen meine etwas ungewöhnlichen Vorstellungen zu vermitteln.[1]

WIE MAN DIE DINGE OFT SIEHT

Früher war ein Naturwissenschafter und Techniker ein "Darling der Gesellschaft". Heute ist das nicht mehr so. Aber ich bekenne trotzdem gerne, daß ich von der Naturwissenschaft seit meinen Jünglingstagen fasziniert bin. Mein Fachgebiet, welches ich an der Technischen Universität seit mehr als 20 Jahren in Forschung und Lehre vertrete, ist die Werkstoffwissenschaft. Diesem Gebiet verdankt die Elektrotechnik, der ich nahestehe, entscheidende Anregungen. Ich vertrete also eine Wissenschaft der harten Fakten. Bei aller Faszination, die ich für die Naturwissenschaft und Technik

---

[1] Ein Glossar, welches am Schluß des Büchleins angeordnet ist, stellt einige oft verwendete Begriffe samt Begriffserklärung zusammen.

empfinde, stehe ich einem überzogenen Geltungsanspruch jedoch sehr kritisch gegenüber.

Wenn von Wissenschaft die Rede ist, dann meinen manche Techniker, Physiker, Chemiker und Biologen in stiller Überheblichkeit immer nur die *Natur*wissenschaft. Was sollte es denn sonst noch für eine Wissenschaft geben, die den Namen *Wissenschaft* verdient? Und dieser Auffassung neigt auch der vielzitierte Mann der Straße zu. Nur die Naturwissenschaft - so sagt man gerne - ruht auf Tatsachen! Nur die Naturwissenschaft hat es fertig gebracht, so sagen sie, einen überprüfbaren Zugang zur "Realität" zu finden. Dabei meinen sie mit "Realität" zwar nicht das *Sein*, das *Ding an sich* selbst, aber sie meinen doch, sich sozusagen dem "richtigen Abbild" des *Dinges an sich* zumindest immer mehr anzunähern.

Wieso sind eigentlich viele Menschen so sicher, daß die Naturwissenschaft Zugang zu dieser "Realität" hat? Die Frage ist einfach zu beantworten: Die Forscher gehen messend an die Natur heran. Eine Methode wird erdacht, die von einer allgemeinen vorwissenschaftlichen Erfahrung bestimmte Elemente herausgreift. Hierdurch wird zwar vieles weggelassen, aber manches dadurch präziser erfaßt. Man beachte,

Nur die Naturwissenschaft - so sagt man gerne - ruht auf Tatsachen. Das wichtigste Werkzeug, welches der Naturwissenschafter verwendet, ist der Begriff, der zu quantitativen Aussagen führt. Forscher gehen messend an die Natur heran. Dieser hier will zum Beispiel den Winkel zwischen einem Stern und dem Mond vermessen.

Eine Methode wird erdacht, die von einer allgemeinen vorwissenschaftlichen Erfahrung bestimmte Elemente naturwissenschaftlich präzisierend herausgreift.

Man beachte, daß nur auf der Grundlage einer solchen verengten methodischen Vorgangsweise Naturwissenschaft betrieben werden kann.

Unbekannter Kupferstecher: Winkelmeßgerät für astronomische Messungen.

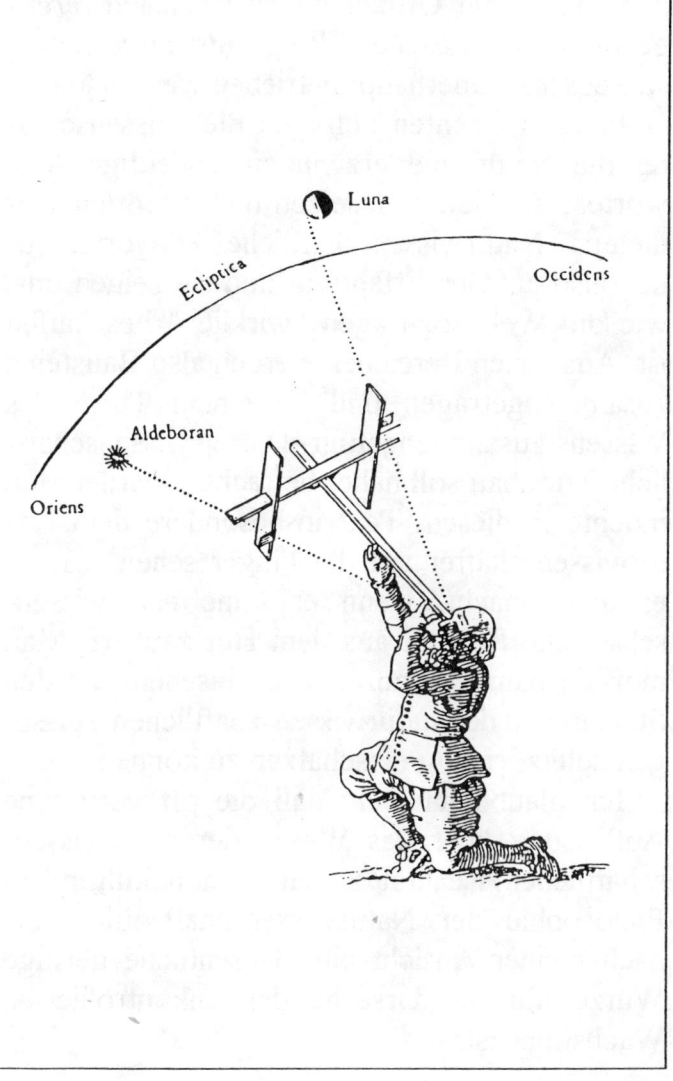

Luna

Ecliptica

Occidens

Aldeboran

Oriens

daß nur auf der Grundlage einer solchen *verengenden methodischen Vorgangsweise* Naturwissenschaft überhaupt betrieben werden kann.

In Experimenten befragen die Wissenschafter die Natur und erzwingen eindeutige Antworten, die sie zu Gesetzen und Theorien verdichten. Naturwissenschaftliche Antworten ruhen also auf der Erfahrung und sie zeigen uns, wie die Welt sozusagen "wirklich" beschaffen ist. Aus vielen Bereichen werden also Bausteine zusammengetragen und zu einem Turm des Wissens zusammengefügt. Dieser wissenschaftliche Turmbau soll näher betrachtet werden. Ich möchte in diesem Text insbesondere dem Naturwissenschafter auf die Finger sehen, wie er es denn macht, wenn er seine naturwissenschaftliche Realität aus dem Hut zaubert. Man muß da nämlich ganz genau hinsehen, um den Stellenwert der naturwissenschaftlichen Aussagen zuletzt richtig einschätzen zu können.

Ich glaube nämlich, daß die oft vertretene Auffassung über das Wesen der naturwissenschaftlichen Realität zu einer monokulturellen Philosophie der Naturwissenschaft führt, die nach meiner Ansicht eine wesentliche geistige Wurzel für die Ursache des unkontrollierten Wachstums ist.

Wovon soll im kommenden Bericht die Rede sein?

○ Leuchten wir zuerst an, warum uns die naturwissenschaftlich-technische Zivilisation als Gefahr erscheint. Ich sehe nämlich, daß zwischen der besonderen Art des naturwissenschaftlichen Denkens und den heute deutlich sichtbaren Gefahren der naturwissenschaftlich-technischen Zivilisation ein Zusammenhang besteht.

○ Wenden wir uns dann den Kernaussagen zu.

○ Anschließend sehen wir uns die Argumentation an

○ und ziehen daraus einige Schlüsse. Ein Bilderpluralismus, ja ein Wirklichkeits-Pluralismus wird sich dabei zeigen. Ein Pluralismus, von dem zu hoffen ist, daß er durch seine stabilisierende Wirkung einen Beitrag leistet, systemzerstörendes Wachstum zu bremsen.

An einfachen und überblickbaren Beispielen will ich meine Idee entwickeln. Lassen Sie sich nicht täuschen: Auch modernste *high-tech-science* ist in ihrem innersten Wesen einfach und simpel. Es ist bloß der akademische Weihrauch des Detailwissens, der den Blick auf die inneren Prinzipien verbirgt und damit beim Publikum den sprachlosen Autoritätsglauben fördert.

DIE NATURWISSENSCHAFTLICH-TECHNISCHE ZIVILISATION ERSCHEINT UNS ALS GEFAHR

Immer wieder begegnet uns ein erschreckender Zynismus. Dieser Zynismus, der durch seine Gleichgültigkeit schamlos-verletzend wirkt, läßt unsere Zivilisation fragwürdig erscheinen. Die Medien zeigen es uns täglich.

Man braucht nur an das *Abfallproblem* zu denken. Professor Fülgraff, ein Abfallexperte, hat es auf den Punkt gebracht; er sagt: Die Marktwirtschaft kann als jenes System charakterisiert werden, welches Rohstoffe in Abfälle verwandelt. Das Erschreckende daran ist, daß diese Rohstoffe damit aber endgültig verloren sind, denn es hat hundert Millionen Jahre gedauert, bis sich die Rohstoffe in geologischen Prozessen "abbauwürdig" angereichert haben. Und uns gelingt es, diese Rohstoffe in wenigen Jahrhunderten endgültig zu verbrauchen, sodaß die Zukunft unserer Kinder und Enkel *ohne Zu-*

kunft ist. Die Gleichgültigkeit, die man gegenüber dieser Vergeudung empfindet, ist ein Zynismus.

Auch bei der *Gewinnung der Bodenschätze* geschieht manchmal Erschreckendes. In Neuguinea zum Beispiel wird Kupfer und Gold abgebaut. Ein cyanid-hältiger Abraum fällt an. Der Regen spült ihn den Berg hinunter. Die Flüsse sind bereits tot. Der Widerstand der Papuas wird mit Maschinenpistolen niedergemacht. Brutalität gesellt sich also zum Zynismus.

Oder die *Gefahren der Atomverseuchung*. In Tscheljabinsk im Ural ist der Karatschaj-See so stark mit Strontium-90 und Cäsium-137 verseucht, daß ein Mensch, der 1 Stunde am Ufer steht, eine tödliche Strahlendosis abbekommt. Aber nicht nur immer die Russen sind es. In Hanford in den USA sind 18.000 Hektoliter hochaktive Abfälle ausgelaufen. In Sellafield in Großbritanien hat Plutonium die Meeresküste verseucht. 24.000 Jahre ist die Halbwertszeit. Dann ist also die Hälfte des Plutoniums abgebaut. Die Hälfte des restlichen Plutoniums braucht wieder 24.000 Jahre usw. bis in alle Ewigkeit. Sind in der Hochtechnologie nicht die besten Köpfe zu Hause? Sie müßten doch wis-

In Experimenten befragen die Naturwissen-schafter die Natur und erzwingen Antworten, die sie zu Gesetzen und Theorien verdichten.

Naturwissenschaftliche Antworten ruhen also auf "Tatsachen", auf Fakten, die man auf experimentelle Weise ermittelt hat.

"Tatsachen" sind die Elemente der "einen Wirklichkeit", die im Verlauf des wissenschaftlichen Fortschritts immer deutlicher sichtbar wird.

So lautet zumindest eine gängige Auffassung.

SENGUERD WOLFERD: *Philosophia naturalis,*
Leiden, 1685

sen, worauf es da ankommt. Verantwortungslo-
sigkeit gesellt sich also zum Zynismus.

*Aber auch Menschen dienen in der Medizin
als Versuchskaninchen,* ohne daß sie es wissen.
In den USA hat man an über 1.200 Personen
die Auswirkung radioaktiver Substanzen und
Strahlen getestet. Darunter befanden sich auch
800 schwangere Frauen. Das konnten wir un-
längst in den Nachrichten hören.

Oder denken wir an das Erdöl. Zerbrechen-
de und strandende Öltanker, ölverklebte Vögel,
Fische und Leguane, brennende Ölfelder,
schrottreife Tanker werden uns immer wieder
vor Augen geführt. Geldgier gesellt sich also
zum Zynismus.

*Oder das Problem der Fluor-Chlor-Kohlen-
wasserstoffe.* Die Ozonschicht der Erde wird
durch sie gefährdet und die Ultraviolettstrah-
lung der Sonne wird nicht mehr ausreichend ab-
geschirmt.

Das CO_2-Problem.   Klimaveränderungen
sind zu erwarten.

Die Grenzen des Wachstums stehen vor uns.
Und wir sind in der Hauptsache damit beschäf-
tigt, die Probleme zu verdecken und zu ver-
harmlosen. Auch die von der Naturwissenschaft

bestellten Kontrolleure der Naturwissenschaft machen hier mit und spielen die Bedeutung solcher Fragen herunter. Bezeichnend ist ihr ausgeprägtes Desinteresse an den heute so drängenden Fragen der Umweltproblematik und Wissenschaftskritik.

Unsere seinerzeit so hoffnungsfrohe Zivilisation ist am Ende. Es wird immer deutlicher, daß die Zerstörung unserer Welt durch die Vorstellung, daß "alles machbar ist", angeheizt wird. Die Idee, daß "alles machbar ist", blüht auf dem Boden der Vorstellung, daß man ganz sicher ist, den *wahren Weg zu wissen*, daß man ganz sicher ist, im Besitz der einen *heilsabsoluten Wahrheit* zu sein. Und das ist immer gefährlich. Denken Sie an die Zeit der Inquisition im Mittelalter. Dieser verhängnisvolle Gedanke, daß "alles machbar ist" hat meines Erachtens seinen Ursprung darin, daß Naturwissenschaft und Technik zu einer Monokultur geworden sind. Wieso war das möglich? Ist die Monokultur womöglich auch eine Ursache für unser unkontrolliertes exponentielles wirtschaftliches Wachstum?

WIRKLICHKEITEN AUS DEM SELBST ?

Lassen Sie mich die Kernaussagen meiner Überlegungen vorwegnehmen. Ich behaupte, daß Naturwissenschaft und Technik in ihrem Inneren eine verhängnisvolle Eigenschaft tragen: Sie suggerieren nämlich die gefährliche Überzeugung, daß der naturwissenschaftliche Weg, den wir heute sehen, der alleinige ernstzunehmende Weg ist.

Die gefährliche Idee, die die Naturwissenschaft vermittelt, könnte man folgendermaßen formulieren: "Alles, was uns in der Anschauung in unstrukturierter Weise gegenübersteht, läßt sich in einem *einzigen* Bild - und zwar im naturwissenschaftlichen Bild - vereinen."

Diese Auffassung, daß sich alles in einem *einzigen* Bild sagen läßt, halte ich für falsch. Warum ist diese Idee gefährlich? Was hat sie für Konsequenzen? Wieso ist sie falsch? Die wichtigste Konsequenz dieser Idee liegt auf der Hand: Alles, was nicht naturwissenschaftlich-rational verstehbar ist, wird instinktiv unterdrückt, und das seit Jahrzehnten! Es wird unterdrückt, weil man der Idee verfallen ist, daß *alles* naturwissenschaftlich-rational verstehbar sein muß.

Die 1. Gefahr dieser Idee ist die geistige Erosion und Aushöhlung der geistigen Vielfalt. Diese Erosion führt zur Entartung unserer Denkmöglichkeiten, führt zur Monokultur. Die Stabilität unserer Zivilisation geht dadurch verloren. Eine Schwächung des "geistigen Immunsystems" ist die Folge. Ich möchte betonen: Rationale Argumente sind wichtig, sie sollen aber nicht unser *einziger* Leitfaden sein. Ästhetische Argumente, ethische, religiöse, philosophische, literarische und welche alternativen Argumente man auch immer sonst noch will, werden nicht grundsätzlich hinter der Naturwissenschaft an zweiter Stelle zu stehen haben.

Die 2. Gefahr der naturwissenschaftlichen Monokultur ist gleichfalls sehr beachtlich: Die geistige Erosion, die auf ein *einziges* Bild führt, wendet sich sogar auch *gegen die Naturwissenschaft selbst.* Lassen Sie mich sagen warum: Der eigentliche Antriebsmotor der Naturwissenschaft ist jenes Phänomen, welches man wissenschaftliche Revolution nennt. Wissenschaftliche Revolutionen sind die großen Schritte, die beim wissenschaftlichen Fortschritt geschehen. Im Zeitpunkt einer wissenschaftlichen Revolution wird der wissenschaftliche Untersuchungsgegenstand durch *mindestens zwei* Denkmuster erfaßt. Zwei konkurrierende, völlig verschiedene Paradigmen stehen also nebeneinander. Durch die "fixe Idee", daß nur ein einziges Denkmuster zulässig ist, *werden sogar auch wissenschaftliche Revolutionen behindert*. Ein alternatives Paradigma bildet sich erst gar nicht aus, da es offenbar von vornherein keine Chance hat. Denn, es kann - so lautet die fixe Idee - nur "*eine* Wahrheit" geben und das bisherige Paradigma war ohnehin *stets erfolgreich*, also muß dieses bisherige Paradigma die *eine* sogenannte "Wahrheit" sein. Durch diesen Gedanken werden die alten, bisherigen Denkmuster bewahrt, konserviert und gegen Veränderungen künstlich immun gemacht. Die jungen Denkmuster dagegen werden in ihrer Keimbildung behindert und unterdrückt, weil sie ja *mit einem Schlag* mindestens genauso erfolgreich sein müßten wie die "erwachsenen Denkmuster", was aber sicher nicht gelingt. Man wird also sehr viel von den Wegen "wissenschaftlicher Revolutionen" lernen müssen, die ganz anders aussehen als die Wege der "normalen Wissenschaft", in der wir heute leben. Man wird sich also für wissenschaftliche Revolutionen offen halten müssen, man wird stets mehrere Bilder im Auge haben.

Lassen Sie mich den Grundgedanken noch schärfer umreißen: "Die gesamte Anschauung, also alles, was Ihnen noch unstrukturiert gegenübersteht, läßt sich *nicht in einem einzigen* Bild vereinen." Dieser Satz klingt im ersten Moment recht harmlos. Ich meine damit aber *nicht*, "daß jedes Ding zwei Seiten hat" oder mehrere. Ich meine damit *nicht*, daß man ein Ding wie ein Werk der Bildhauerkunst bloß von mehreren Seiten betrachten muß, um einen Gesamteindruck zu bekommen. Ich meine also *nicht*, daß die verschiedenen Bilder verschiedene "Aspekte" sind, also Bilder, die aus verschiedenen Blickwinkeln wahrgenommen werden.

Wenn ich sage: "Die gesamte Anschauung läßt sich *nicht in einem einzigen Bild* vereinen", so läuft das auf etwas hinaus, was man als "Doppelbewußtsein", als ein Nebeneinander grundsätzlich verschiedener Erlebnisweisen bezeichnen könnte. *Es läuft darauf hinaus, daß wir vor mehreren Bildern, mehreren Wirklichkeiten stehen und keinem Bild, keiner Wirklichkeit, auch nicht der naturwissenschaftlichen Wirklichkeit, eine grundsätzliche Priorität zuordnen können. Diese* nebeneinander stehenden Bilder haben im Extremfall *nichts* miteinander zu tun!

Wenn ich es einfach und provokant formulieren darf: Ich meine, daß es das, was man die "*eine* Wirklichkeit" nennt, gar nicht gibt. Es gibt nicht *eine* Wirklichkeit, es gibt *viele* Wirklichkeiten, auch wenn sich diese Wirklichkeiten z.T. gegenseitig scheinbar im Weg stehen. Und das eigenartige ist, *keine* Wirklichkeit hat vor einer anderen Wirklichkeit einen grundsätzlichen Vorrang. Es ist eine Selbsttäuschung, wenn man meint, daß die Naturwissenschaft die Wirklichkeit zeigt, "wie sie ist". Die Selbsttäuschung entsteht dadurch, daß man naturwissenschaftliche Fakten - *ohne es zu merken!* - immer schon voraussetzt. Dadurch zeigt sich die "Wirklichkeit" dann stets - wie wenn es selbstverständlich wäre! - in einem naturwissenschaftlich-rationalen Gewand.

Beachten Sie bitte: Raum, Zeit und Materie und andere sogenannte naturwissenschaftliche Tatsachen sind Vorstellungen eines naturwissenschaftlichen *Bildes*. Raum, Zeit und Materie wird man also nicht als gegeben voraussetzen dürfen, wenn man über den naturwissenschaftlichen Gartenzaun hinwegschauen will.

Das Gegebene ist vielmehr das eigene Selbst, das sich die unterschiedlichen Bilder formt, unter anderem auch das naturwissenschaftliche Bild. Das Gegebene ist zunächst also das eigene Selbst, das in seiner tiefsten Tiefe jenes Etwas ist, welches unabhängig von einem Erkennen und Erkanntwerden *für sich selbst* besteht. Das Selbst ist also etwas, das in seiner tiefsten Tiefe das Sein "berührt" oder sogar mit ihm "verschmilzt".

Der Gedanke, daß Raum, Zeit und Materie *nicht* der Ausgangspunkt aller Überlegungen ist, sondern das eigene Selbst, scheint nicht nur der heutigen Naturwissenschaft, sondern auch dem sogenannten gesunden Menschenverstand vollständig zu widersprechen.

Wenn man diesen Gedanken ernsthaft widerlegen will, dann wird man sich zu fragen haben:
1. *Was* ist das Fundament der Naturwissenschaft? Und
2. *wie* findet die Naturwissenschaft zu ihren Ergebnissen?
Eine Analyse dieser Fragen wird - so vermutet der Wissenschaftsgläubige - die Unerschütterlichkeit des naturwissenschaftlichen Bildes zeigen.

Man wird sehen.

Aus vielen Bereichen der Wissenschaft werden Bausteine, werden "Tatsachen", werden "Teilwirklichkeiten" zusammengetragen und zu einem Turm des Wissens zusammengefügt, der dem Turm zu Babel recht ähnlich sieht.

Hier ist ein Holzschnitt des holländischen Graphikers M. C. ESCHER abgebildet.

Man sieht, wie sich die "scientific community" an den akademischen Seilwinden abmüht. In den Niederungen ahnt man das einfache, unwissende Volk.

M. C. ESCHER: Turm zu Babel
© 1994 M. C. Escher / Cordon Art - Baarn - Holland. All rights reserved.

MC 2-28   GEN. 11:7

WAS IST ALSO JETZT DAS FUNDAMENT DER NATURWISSENSCHAFT?

Wenn ich hier vom Fundament der Naturwissenschaft spreche, dann möchte ich zuerst eine "halbnaive Sicht" präsentieren. In dieser Sicht scheinen das Fundament der Naturwissenschaft und die Naturwissenschaft selbst unangreifbar zu sein. Das Fundament setzt sich aus mehreren, voneinander unabhängigen Fundamentsteinen zusammen. Lassen Sie mich die wichtigsten aufzählen:

• *Nur* die Erfahrung gilt als Quelle des Wissens. Experiment und Beobachtung stehen im Zentrum.

• Ein widerspruchsfreier Aufbau wird angestrebt. Die Aussagen werden kohärent und logisch miteinander verbunden. Verschiedene Sonder-Methoden der Naturwissenschaft stehen im Einsatz: Mathematik und Geometrie (euklidisch und nicht-euklidisch), Analysis (Funktionenlehre, Differentialrechnung, Integralrechnung, Vektorrechnung u.a.m.), aber auch moderne Ansätze wie Chaostheorie und fuzzy logic finden immer breitere Anwendung.

• Das Induktionsprinzip war eine jahrzehntelange Hoffnung, daß man die "Wahrheit" von

Gesetzen "beweisen" könne. Bald hat sich aber gezeigt, daß diese Auffassung nicht lupenrein ist. Popper hat auf eine bemerkenswerte Asymmetrie hingewiesen: Tausend Aussagen können ein Gesetz *nicht beweisen*, eine einzige Aussage kann das Gesetz dagegen endgültig widerlegen.

• In der Naturwissenschaft steht also das Widerlegungsverfahren im Zentrum. Der "Falsifikationismus" beherrscht heute unser naturwissenschaftliches Argumentieren. Man geht sogar so weit, daß man eine Aussage, die sich der Falsifizierbarkeit grundsätzlich entzieht, *nicht als naturwissenschaftliche Aussage anerkennt.* Man beachte aber den dadurch verursachten Wandel im Denken: "Man kann Gesetze *nie als wahr erweisen*, sondern höchstens nur als falsch." Oder: "Hypothesen als falsch erweisen ist der Höhepunkt des Wissens." Mit einem Wort: Alles ist beweisbar, nur die Wahrheit nicht. Ein wichtiges Fundament der Naturwissenschaft - das Fundament der "Naturgesetze" - sehen wir heute also weniger optimistisch, aber dafür klarer und deutlicher.

• Ein anderer wichtiger Fundamentstein der Naturwissenschaft ist die Reproduzierbarkeit. Hierunter versteht man das identische Hervor-

Vielfach wird die Meinung vertreten, daß die Naturwissenschaft die Wirklichkeit zeigt "wie sie ist".

Es ist ja auch kein Wunder, daß man so denkt. Denn das, was man mit freiem Auge sieht, zeigt die Wissenschaft mit ihren Instrumenten immer genauer und genauer. Immer tiefer dringt man in die Geheimnisse der Natur ein. Symmetrien zeigen sich, die als Hinweis aufgefaßt werden, daß man der "Wahrheit" auf der Spur ist. Symmetrien können doch kein Zufall sein!

In ESCHERs Holzschnitt fügt sich eins ins andere. Keine Lücke bleibt frei, durch die eine Unvollkommenheit durchschimmert. Alles läßt sich bis ins Unendliche erfassen.

M. C. ESCHER: Kleiner und kleiner
© 1994 M. C. Escher / Cordon Art - Baarn - Holland. All rights reserved.

bringen von Erfahrungstatsachen bei gleichbleibenden Randbedingungen.

• Ein weiterer Verankerungspunkt ist die Vorstellung der Kausalität: Ohne Ursache geschieht nichts. Ursache und Wirkung bilden eine Kette, die aus der Vergangenheit kommt, durch die Gegenwart läuft und in der Zukunft verschwindet.

Die heutige Naturwissenschaft hat im Vergleich zur früheren Naturwissenschaft einen offeneren und weiteren Horizont erreicht: Man erkennt, daß es nicht nur *deterministische Gesetze* gibt, sondern daß auch *statistische Gesetze* die Natur beherrschen. Statistische Gesetze dürften überhaupt die eigentliche Basis sein.

• Die Kumulativität des Wissens ist für die Naturwissenschaft eine andere ganz wichtige Grundvoraussetzung: Alles was man richtig erkannt hat, hat man für alle Zeiten erkannt, es zählt zum sicheren Schatz des Wissens. Wissen läßt sich also anhäufen - der Turmbau der Wissenschaft ist möglich.

Auf der Basis dieses Fundamentes glaubt man, einen sicheren Zugang zum *eindeutigen* Bild der Wirklichkeit gefunden zu haben. Denn es zeigt sich ein scheinbar eindeutiger Weg, um

Tatsachen mit Hilfe der Begriffe aufzugreifen, um Naturgesetze, also Theorien, abzulesen und damit die "Natur zu erklären" und die sogenannte "Realität eindeutig zu erkennen".

Seit KANT wissen wir, daß man das sogenannte "Ding an sich" zwar nicht direkt sichtbar machen kann, man ist in dieser naiven Sicht aber doch sehr stark davon überzeugt, daß man sich dem Ding an sich durch die Naturwissenschaft in einem Abbild *immer mehr annähert*. Auch die Tatsache, daß die Naturwissenschaft ein *besonders stabiles Bild* liefert, ist für manchen eine Legitimation dafür, der Naturwissenschaft vor anderen Bildern eine grundsätzliche Priorität einzuräumen.

Dieser naiven Sicht stehe ich persönlich sehr skeptisch gegenüber.

Als sozusagen "praktizierender" Naturwissenschafter und Techniker ist es mir aber ein Anliegen zu betonen, daß das Fundament der Naturwissenschaft und das dazugehörige naturwissenschaftliche Regelwerk vom Standpunkt der alltäglichen Praxis sehr wichtig ist, ja heute nahezu unverzichtbar erscheint und keineswegs abgewertet werden soll. Deswegen sollte man aber trotzdem nicht - wie es manchmal geschieht - die Bedeutung einer naturwissen-

Hier sehen Sie, in welcher Situation sich der Naturwissenschafter aber tatsächlich befindet, wenn er versucht, Begriffe zu bilden, um damit die Naturgesetze zu erforschen.

Es zeigt sich nämlich: Um Naturgesetze zu finden, braucht man die Begriffe und um die Begriffe zu bilden, braucht man die Naturgesetze. Begriffe sind - wie man sagt - "theoriendurchtränkt".

Offenbar gibt es hier Probleme.

M. C. ESCHER: Zeichnen
© 1994 M. C. Escher / Cordon Art - Baarn - Holland. All rights reserved.

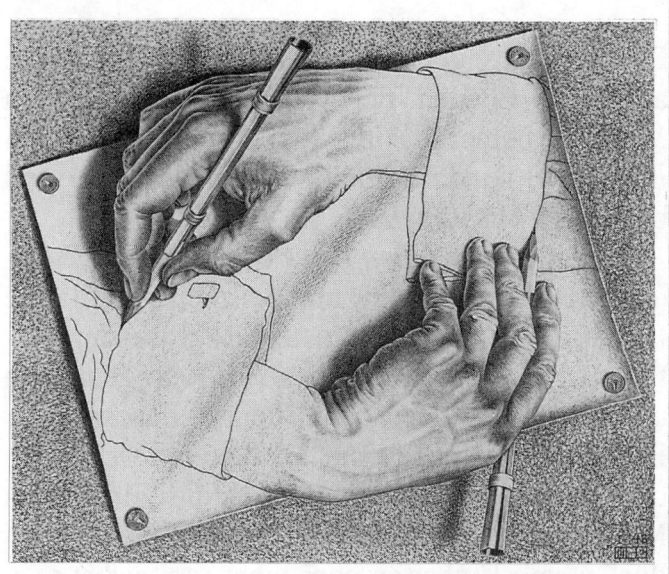

schaftlichen Erkenntnis überdehnen. Diese Frage soll im folgenden beleuchtet werden.

PROBLEME LEGEN UNS EINE ANDERE AUFFASSUNG NAHE

Es ist ganz eigenartig, daß sich die Probleme auf allen Ebenen der naturwissenschaftlichen Methode bemerkbar machen. Nicht nur bei den *Begriffen*, sondern auch bei den *Theorien* und bei den *Erklärungen*.

• *Werfen wir einen Blick auf die Begriffsbildung.* Betrachten wir zum Beispiel quantitative Begriffe, die die wichtigsten Begriffe der Naturwissenschaft sind. Alles wird ja gemessen und gewogen. Bei der Bildung quantitativer Begriffe geht es darum Einheiten festzulegen und dann abzuzählen, wie oft die Einheit im Meßobjekt "enthalten" ist. Selbstverständlich dürfen sich Einheiten aber nicht von selbst verändern.

Fragen wir uns also, wie man zum Beispiel den Zeitbegriff autark, also unabhängig, definieren könnte. Es ist klar, daß als Einheit ein *exakt periodischer* Vorgang erforderlich ist. Woran kann man aber - *bevor* noch die Zeit metrisiert wurde - erkennen, daß der gewählte periodische Vorgang *exakt* periodisch ist? Wie soll man das machen? Um die Zeit zu metrisieren, braucht man einen periodischen Vorgang, und um einen geeigneten periodischen Vorgang aufzufinden, braucht man bereits die metrisierte Zeit. Welchen periodischen Vorgang soll man denn auswählen? Es gibt ja viele periodische Vorgänge. Und *jede* Einheit ist - darauf hat schon Poincaré hingewiesen - im Prinzip erlaubt, soferne sie sich nur irgendwie periodisch zeigt.

Wenn man allerdings nun tatsächlich mit unterschiedlichen Einheiten mißt, dann sehen die sich dabei ergebenden "Naturgesetze" natürlich jeweils anders aus. Und wenn man solche scheinbar willkürlichen Einflüsse in Grenzen halten will, dann wird man die Einheiten derart festzulegen haben, daß die sich dabei ergebenden Naturgesetze *möglichst einfach* werden. Das ist eine sicher sehr praktikable und zweckmäßige Vorgangsweise. Allerdings muß man beachten, daß dabei Begriffe mit Theorien verwoben werden, *"Begriffe sind theoriendurchtränkt"*. Wenn man die Verhältnisse genau betrachtet, dann findet man eine ganze Reihe solcher theoretischer Idealisierungen.

• *Wenden wir uns der zweiten Ebene der naturwissenschaftlichen Methode zu: den Theorien.* Theorien und Naturgesetze haben eine andere Struktur als man oft meint: Theorien sind nämlich keinesfalls ein sozusagen "wahres" Abbild "innerer Zusammenhänge" der "Natur". Nein: Theorien sind bloß besonders strukturierte Modelle für einen Phänomenkreis, der durch eben diese Theorien aufgegriffen und in spezifischer Weise sichtbar gemacht wurde. Wir kommen später noch darauf zurück.

Ein Gesichtspunkt, der die Eigenschaft von Theorien betrifft, war für mich persönlich - als er mir das erste Mal bewußt wurde - *besonders schockierend:* Theorien sind nicht eindeutig! Es gibt für keine naturwissenschaftliche Theorie einen Eindeutigkeitsbeweis. Das heißt, auch anders geartete Theorien könnten die betrachteten Phänomene beschreiben. Selbstverständlich kann bei einem Theorie-Wechsel auch der betrachtete Phänomenkreis mehr oder weniger modifiziert werden. Einstein hat es auf den Punkt gebracht. Er hat gesagt, daß *jede* Theorie wahr ist, soferne sie nur ihre Symbole korrekt mit der Beobachtung verbindet. Das genügt also, das ist alles!

Ein zweiter Gesichtspunkt, der zunächst recht harmlos klingt, hat für den Stellenwert der Naturwissenschaft aber trotzdem entscheidende Folgen: Theorien erweisen sich nicht bloß als *deterministisch*, sie können auch eine *statistische* Struktur aufweisen. Beispiele für solche statistischen Theorien sind allgemein bekannt: "Die Wahrscheinlichkeit mit einem Spielwürfel einen 6-er zu würfeln ist 1/6." Oder ein Beispiel aus der Medizin: "Die Genesungswahrscheinlichkeit bei Streptokokkeninfektion und einer besonderen Penicillinbehandlung ist 98%." Es erweist sich, daß das Auftreten statistischer Gesetze einen Einfluß auf die Struktur von Erklärungen hat.

• *Was ist eine Erklärung im naturwissenschaftlichen Sinn?* Auch hier zeigt sich, daß die Bedeutung einer Erklärung oft überschätzt wird. Denn Erklärungen decken *nicht* die "wahren" Zusammenhänge eines beobachteten Phänomen-Kreises auf. Eine Erklärung ist bloß eine Antwort auf eine Warum-Frage. Ein Phänomen gilt als erklärt, wenn es sich als theorie-konform erweist. Oder exakter gesagt, zeigt eine Erklärung die Übereinstimmung von Phänomenen mit der Theorie unter Einbeziehung der jeweiligen Randbedingungen. Diese Auffassung vom Wesen einer Erklärung hat Konsequenzen:

Wir müssen zur Kenntnis nehmen, daß *nicht-eindeutige* Theorien auf *nicht-eindeutige* Erklärungen führen. Nehmen wir an, daß das zu erklärende Phänomen "unter eine Theorie T_1 subsumiert" wurde. Wenn das zu erklärende Phänomen jedoch "unter eine Theorie T_2 subsumiert wird", dann sieht die Erklärung natürlich ganz anders aus. Das ist aber nicht das einzige Problem.

Es zeigt sich nämlich weiters, daß statistische Theorien einen *unerwartet starken Einfluß auf die Gültigkeit von Erklärungen* haben: Erklärungen mit statistischen Gesetzen erweisen sich nämlich als *nicht kumulativ*. Die Nicht-Kumulativität tritt sogar auch dann auf, wenn alle Sätze der Erklärung absolut wahr sind und wahr bleiben. Das heißt, auch *wissenschaftliche* Bäume wachsen nicht in den Himmel. Extrapolationen über lange Strecken sind grundsätzlich fragwürdig. Die Ungeschlossenheit wissenschaftlicher Erklärungen wird sichtbar.

IM NATURWISSENSCHAFTLICHEN
SINN ZU WISSEN

Was heißt es also, wenn man sagt, daß man etwas im naturwissenschaftlichen Sinn weiß? Im naturwissenschaftlichen Sinn zu wissen heißt, mit Hilfe theoriedurchtränkter Begriffe gewisse Anschauungselemente aufzugreifen, unter die Theorie zu subsumieren und als Bild zu deuten. Durch den Vorgang des Wissens werden also *auf methoden-relative Weise* ganz bestimmte Anschauungselemente aufgegriffen und durch den Prozeß der Erklärung zu einem Bild gestaltet, zu einem empirisch-wissenschaftlichen Denkmuster zusammengefügt. All das, was durch die Erklärung *nicht* erfaßt wird, wird nicht gesehen und wird als *Zufall* eingestuft.

Die "Methode des Wissens" ist nichts absolut Vorgegebenes, man könnte es auch anders machen. Wenn man zum Beispiel durch eine Wissens-Methode Nr. 2 jetzt zum Teil anderes aufgreift, dann kann es sein, daß sich auch das ursprüngliche Bild wandelt. Man sieht jetzt plötzlich ein anderes Denkmuster vor sich, man faßt auf einmal alles anders auf. Diesen Vorgang nennt man *"wissenschaftliche Revolution"*. Und je nachdem, wie man es macht, kann

Im naturwissenschaftlichen Sinn zu wissen heißt immer, mit einer bestimmten Methode *Phänomene sichtbar zu machen.*

Durch den Vorgang des Wissens werden auf methoden-relative Weise *ganz bestimmte Anschauungselemente aufgegriffen und durch den Prozeß der Erklärung zu einem Bild gestaltet, zu einem naturwissenschaftlichen Denkmuster zusammengefügt. Die naturwissenschaftliche Wirklichkeit wird sichtbar.*

Die Methode des Wissens ist jedoch nichts absolut Vorgegebenes. Eine andere Methode greift anderes auf und das ursprüngliche Bild wandelt sich. Im naturwissenschaftlichen Bereich nennt man eine solche Bild-Verwandlung eine wissenschaftliche Revolution.

ESCHERs Hand mit spiegelnder Kugel ist eine schöne graphische Metapher dafür, wie auf methoden-relative Weise ein Denkmuster - ein Spiegelbild - entsteht. Ein spiegelnder Kristall mit gewinkelten Flächen hätte ein anderes Spiegelbild zur Folge gehabt: Eine andere Wirklichkeit.

M. C. ESCHER: Hand mit spiegelnder Kugel
© 1994 M. C. Escher / Cordon Art - Baarn - Holland. All rights reserved.

es sein, daß die Bilder vor und nach der Revolution überhaupt nicht mehr zusammenpassen oder zumindest bloß an gewissen Nahtstellen bedingt ineinander übergehen. Wiederum wird jenes, was durch die Erklärung *nicht* erfaßt wird, nicht gesehen und als Zufall eingestuft. Jetzt ist aber gegebenenfalls anderes zum *Zufall* geworden.

Das erklärte Phänomen steht also in Form von einem oder mehreren Denkmustern, Bildern vor unseren Augen.

Naturwissenschaftliche Bilder haben zwei besondere Eigenschaften, die man oft als Garant für die "Einmaligkeit" der naturwissenschaftlichen Methode anführt. Ja man sieht in diesen beiden Eigenschaften geradezu die Legitimation für die Priorität der Naturwissenschaft gegenüber allen anderen Bildern. Ich meine hier erstens die Stabilität der naturwissenschaftlichen Aussagen und ich meine zweitens das Phänomen des naturwissenschaftlichen Fortschritts.

Das 1. Argument sagt: Alle naturwissenschaftlichen Aussagen erweisen sich als sehr stabil. Naturwissenschaftliche Voraussagen und Erklärungen erweisen sich immer wieder als zielführend, *also muß die Naturwissenschaft am richtigen Weg sein.* Diese Hoffnung täuscht aber. Denn die Stabilität tritt auf, weil man die Methode, die zu diesen Bildern geführt hat, *konstant* gehalten hat. Nicht wahr, immer, wenn man sich an die Strickanleitung für Norweger-Pullover hält, erhält man Norweger-Pullover! Aus der (selbst verursachten) Stabilität darf man also nicht folgern, daß dem naturwissenschaftlichen Bild im Vergleich zu anderen Bildern deshalb eine höhere Priorität zusteht.

Das 2. Argument spricht vom Fortschritt der Wissenschaft. Jedermann weiß, daß die naturwissenschaftlichen Bemühungen Ergebnisse bringen, die in ihrem Fortschritt immer genauer werden. Sie schmiegen sich immer enger an ihren "Forschungsgegenstand" an, den die Naturwissenschafter zwar *nie unmittelbar* sehen, den sie aber immer besser modellhaft abbilden. Die Abbildung wird so gut, daß man zuletzt leichten Herzens auf das "Original" verzichtet oder die Abbildung mit dem "Original" verwechselt. Man ist ja schließlich im Besitz eines nahezu perfekten "Fotos" der sogenannten "einen Wirklichkeit". Schon eine buddhistische Parabel warnt uns allerdings vor einem solchen Fehler, indem sie sagt: "Man sollte nicht den Finger, der auf den Mond weist, für den Mond selbst halten." Die Ansicht, daß die Naturwissenschaft "die *eine* Wirklichkeit" abbildet, halte ich für voreilig. Denn es werden bloß immer neue "Epizykel" zu den Theorien hinzugefügt, wodurch eine Theorie im "instrumentellen Sinn" *jenen* Phänomenen angepaßt wird, *die durch eben diese Theorie* erst sichtbar gemacht wurden. Die Methode der Naturwissenschaft macht also gewisse Phänomene sichtbar, an die sich die Naturwissenschaft im Lauf ihres Fortschritts mit verbesserten Theorien hinterher anzunähern versucht. Daß die naturwissenschaftlichen Bilder immer genauer werden, darf man also nicht mißverstehen: Sie werden bloß im "instrumentellen Sinn" genauer; sie nähern sich deshalb aber *nicht* jenem Phantom an, welches man gerne "die *eine* Wirklichkeit" nennt!

Wenn ich wieder ein Beispiel geben darf: Durch fleißiges Üben im Maßnehmen der Pullover-Fasson wird der Sitz selbstgestrickter Norweger-Pullover immer perfekter. Aus diesem Fortschrittsphänomen der Paßform von Norweger-Pullovern darf man aber *nicht* schließen, daß es nur Norweger-Pullover gibt. Es könnten woanders auch Bikinis und Strandkleider existieren! Das Phänomen des naturwissenschaftlichen Fortschritts ist also *keine* grundsätzliche Legitimation für eine Priorität gegenüber anderen Bildern. Andere Bilder sind genau so legitim.

WIRKLICHKEIT UND REALITÄT ODER NATURWISSENSCHAFTLICHER MYSTIZISMUS?

Nach diesen Vorüberlegungen sind wir in der Lage sagen zu können, was die Worte Wirklichkeit, Tatsache und Realität offenbar meinen.

• *Wirklichkeit* ist der Inbegriff dessen, was auf mich "wirkt". Verschiedenes kann Wirklichkeit sein. Zum Beispiel die Summe aller "Antworten" auf physikalische Experimente in ihrer komplexen Vernetzung. Die naturwissenschaftliche Wirklichkeit im besonderen ist ein methoden-relatives Denkmuster eines erklärten oder gedeuteten Phänomens. Aber nicht nur Physikalisches, auch anderes kann für mich in gleicher Eindringlichkeit Wirklichkeit werden: etwa das tiefe Erleben eines Konzertabends oder einer Dichterlesung, das Vergewissern eines philosophischen Gedankens, aber auch das Erfahren von Liebe und vieles andere mehr. Der *Nur*-Naturwissenschafter möge gestatten, daß neben der naturwissenschaftlichen Wirklichkeit für andere Menschen auch *andere* Wirklichkeiten existieren dürfen.

• Das Wort *Tatsache* scheint fürs erste eine Selbstverständlichkeit zu meinen: Wirklichkeiten setzen sich aus Tatsachen zusammen. Eine Tatsache ist ein Element einer Wirklichkeit, ist ein Element eines Denkmusters, das ein Phänomen erklärt, ist zum Beispiel eine "Antwort" auf ein physikalisches Experiment.

Man beachte, welch grundlegende Änderung die landläufige Bedeutung des Wortes "Tatsache" jetzt erfahren hat. *Die gängige Bedeutung* des Wortes Tatsache ist das lateinische "factum", das Geschehene, der Tatbestand; Tatsache meint hier also etwas absolut Unveränderliches. *Wir sagen hier dagegen:* Eine Tatsache ist ein Element einer Wirklichkeit, die aber selbst wiederum methodenabhängig ist. Tatsachen sind also bildgebunden und verändern sich mit dem Neuaufgreifen eines anderen Bildes. Wissenschaftliche Tatsachen *sind also nicht einfach da*, sondern sie entstehen auf besondere Weise, sie entwickeln sich nämlich mit dem methoden-relativen Gestalten eines Denkmusters. Tatsachen werden erst durch eine Methode sichtbar!

• Eine *Realität* ist im Vergleich zur Wirklichkeit ein viel stabileres Gebilde. Auf dieses Gebilde wird man mit Recht große Hoffnungen setzen. Eine Realität ist eine *intersubjektive*, also eine *objektive* Wirklichkeit. Sie ist für jedes oder zumindest für fast jedes Subjekt gültig. Magnetische Kräfte sind zum Beispiel für den Physiker eine naturwissenschaftliche *Realität*. Die Dreifaltigkeit ist für den katholischen Christen eine Glaubens-*Realität*. Wir haben aber zu beachten, daß auch das Wort "Realität" letztlich nur ein methoden-relatives *Bild* meint. Jenes, was wir als Realität zutage fördern und in irgendeiner Form "aussprechen", *ist also nicht jenes Sein*, wie es für sich selbst besteht. Denn andere Methoden führen zu anderen Wirklichkeiten, zu anderen Realitäten.

Das Selbst bildet zwar viele Bilder, Wirklichkeiten und Realitäten. Das Selbst und das Sein dagegen ist etwas, das durch ein Bild nie adäquat erfaßt wird. *Das Selbst und das Sein ist der feste Punkt im bilder-pluralen Relativismus unseres eigenen "magischen Theaters".*

Wir sehen jetzt jenes ganz deutlich vor uns, was man *naturwissenschaftlichen Mystizismus* nennen könnte. Dort wird das Wort *Wirklichkeit* in einem irreführenden Sinn verwendet. Der

Man darf sich also nicht täuschen lassen: Die Naturwissenschaft zeigt nicht die Wirklichkeit "wie sie ist".

Auf methoden-relative Weise baut sie eher ein Luftschloß mit tausend Details, Details, die alle ineinander passen. Das Publikum steht sprachlos vor diesem bewundernswerten Bau. Unvorstellbar erscheint es jetzt, daß alles auch ganz anders aussehen könnte.

ESCHERs Holzschnitt zeigt ein solches schwebendes Luftschloß über den Wassern. Auf einer schwimmenden Schildkröte betet bewundernd ein Mensch.

M. C. ESCHER: Luftschloß
© 1994 M. C. Escher / Cordon Art - Baarn - Holland. All rights reserved.

Ausdruck "Wirklichkeit" meint dort nämlich jene vermeintlich vorhandene, sozusagen *eine* und *einzige* Wirklichkeit, von der man glaubt, daß sie *unabhängig* von der Form des Erfahrens existiere. Wir haben das Wort "Wirklichkeit" unter Anführungszeichen gesetzt, um deutlich zu machen, daß man hier - im Mystizismus - an eine *absolute Wirklichkeit* denkt, die frei, abgelöst und unabhängig von der Form des Erfahrens besteht. Man denkt da also an eine **Wirk**-lichkeit, die unabhängig von der Form des Erfahrens **wirk**en könne. Eine solche "Wirklichkeit" kann es nicht geben, bei der nicht festgelegt wurde, *auf welche Weise* sie zur Wirklichkeit wird. Dieser Ausdruck "Wirklichkeit" ist also bloß eine Selbsttäuschung, eine Worthülse ohne Inhalt. Wer Wirklichkeit dennoch auf diese Weise sieht, huldigt einem naturwissenschaftlichen Mystizismus, der ist offenbar ein Schwärmer, ein Phantast.

WAS FOLGT DARAUS
FÜR DEN MENSCHEN?

Es folgt daraus die Befreiung vom beengenden Mystizismus des falsch verstandenen naturwissenschaftlichen Denkens, welches nur sich selbst gelten läßt.

Trotzdem sind Raum, Zeit und Materie und all die anderen naturwissenschaftlichen Tatsachen für uns als Vorstellung eines naturwissenschaftlichen *Bildes* deutlich und in perfekter Ausprägung zu sehen. Man wird sich aber hüten müssen, naturwissenschaftliche Tatsachen als Gegebenheit und Ausgangsbasis *vorauszusetzen*, wenn man *das naturwissenschaftliche Bild übersteigen will*. Setzt man solche Tatsachen aber dennoch voraus, dann ist man automatisch im naturwissenschaftlichen Bild gefangen: Man setzt das voraus, was man gefunden hat und findet jenes, was man vorausgesetzt hat. Auch ist die Ausgangsbasis - wie bei jedem Denkmuster - auf besondere Weise, nämlich auf naturwissenschaftliche Weise, verengt. Selbstverständlich: Denn nur auf der Grundlage dieser *verengten* Ausgangsbasis kann Naturwissenschaft betrieben werden. Vor der *unverengten* Ausgangsbasis steht hingegen das eigene

Natürlich ist es provokant, wenn man sagt, daß es das, was man gerne "die eine Wirklichkeit" nennt, gar nicht gibt. Es gibt nicht eine "Wirklichkeit", es gibt viele Wirklichkeiten, auch wenn sich diese Wirklichkeiten zum Teil gegenseitig im Weg zu stehen scheinen.

Und eigenartig ist es, daß keine Wirklichkeit vor einer anderen Wirklichkeit einen grundsätzlichen Vorrang genießt. Auch die rationale Wirklichkeit hat keinen Vorrang gegenüber einem irrationalen Bild.

Da gibt es also viele Wirklichkeiten, viele Bilder, viele Sichten, die für uns wichtig sind und nebeneinander stehen: Die naturwissenschaftliche Sicht, philosophische Bilder, Glaubensbilder, Mythos und Kunst. Jede dieser besonderen Wirklichkeiten macht das Sein auf seine jeweils besondere Weise sichtbar.

M. C. ESCHER: Andere Welt
© 1994 M. C. Escher /Cordon Art - Baarn - Holland. All rights reserved.

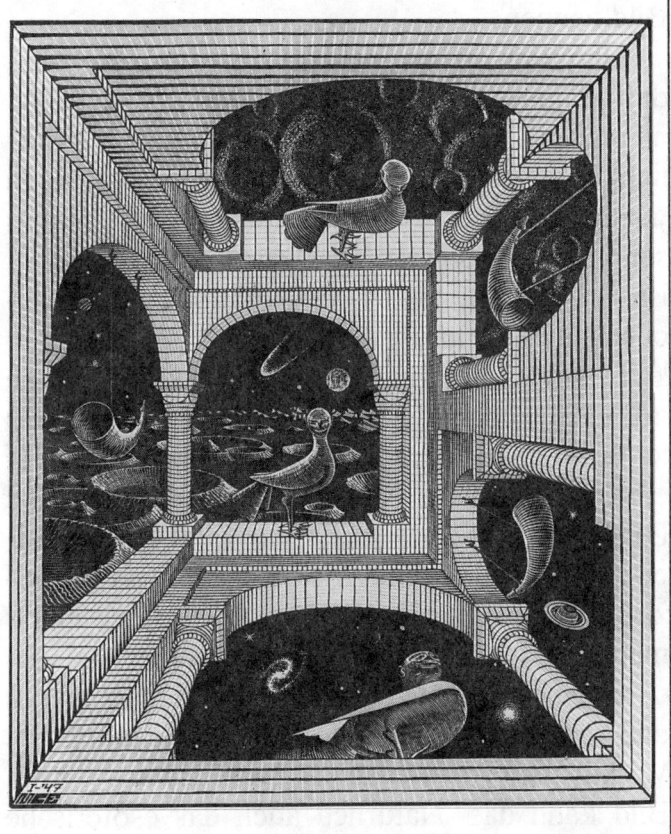

59

Selbst, das sich die unterschiedlichen Bilder formt, unter anderem auch jenes besondere Bild, welches wir das naturwissenschaftliche Bild nennen.

Natürlich ist es provokant, wenn man sagt, daß es das, was man "die *eine* Wirklichkeit" nennt, gar nicht gibt. Es gibt nicht *eine* "Wirklichkeit", es gibt *viele* Wirklichkeiten, auch wenn sich diese Wirklichkeiten zum Teil gegenseitig scheinbar im Weg stehen. Und eigenartig ist es - ich gebe es zu - vielleicht sogar für manchen auch beunruhigend, daß keine Wirklichkeit vor einer anderen Wirklichkeit einen grundsätzlichen Vorrang hat. Auch die rationale Wirklichkeit hat keinen Vorrang gegenüber einem irrationalen Bild. Naturwissenschaft und Esoterik stehen hier auf *einer* Ebene. Das empörte Aufheulen naturwissenschaftlicher Mystizisten ist jetzt unüberhörbar geworden. Aber - man muß es laut und deutlich sagen - es ist eben eine Selbsttäuschung, wenn man meint, daß die naturwissenschaftliche Rationalität die Wirklichkeit derart zeigt, "wie sie ist". Kein Bild kann das. Natürlich auch das esoterische Bild nicht. Die Selbsttäuschung entsteht dadurch, daß man naturwissenschaftliche Fakten - ohne es zu merken - immer schon voraussetzt.

Und da gibt es plötzlich viele Wirklichkeiten, viele Bilder, viele Sichten, die für uns wichtig sind und nebeneinander stehen: Das vorwissenschaftliche Denken, das die Voraussetzung für das naturwissenschaftliche Denken ist. Die naturwissenschaftliche Sicht, philosophische Bilder, Glaubensbilder, Mythos und Erzählungen, Malerei, Musik und Dichtkunst. Aber auch die Wirklichkeit der Liebe gehört hier her. *Und jede dieser besonderen Wirklichkeiten macht das Sein auf seine jeweils besondere Weise sichtbar.* Mit vielen Bildern zu leben, bedeutet also eine Bereicherung des Daseins.

Auf eine Gefahr muß jedoch besonders hingewiesen werden, weil sie leicht übersehen wird: Es ist *nicht zulässig*, sich einzelne Details aus unterschiedlichen Bildern zusammenzusuchen und auf diese Weise *Bilder zu vermischen.* Das ist selbstverständlich, weil ja jedes Bild auf seine besondere Art geworden ist. Ein Misch-Bild - sozusagen ein Bild-Ragout - nimmt auf die besondere Art der Bildentstehung keine Rücksicht mehr. So ein Bild wäre ein entwurzeltes Bild, ein Bild, das nicht mehr lebt.

Alle Bilder, alle Wirklichkeiten müssen aus dem eigenen Selbst heraus *lebendig vollzogen* werden. Wirklichkeiten sind mit ihrer ganz be-

Wirklichkeiten, auch naturwissenschaftliche Wirklichkeiten, sind also nicht stabil. Methodenrelativ ist ihre Gestalt.

ESCHERs Holzschnitt könnte eine Illustration für diese Wandelbarkeit sein: Im Mittelfeld des Bildes weiß der Betrachter nicht, wie ihm geschieht: Fisch und Vogel gehen ineinander über, bedingen sich wechselseitig. Ist es ein Vogel, ist es ein Fisch?

An der oberen und unteren Berandung ist man von diesen Zweifeln befreit: Dort fliegt der Vogel, hier schwimmt der Fisch. Jetzt hat sich also die "wahre Wirklichkeit" herausgestellt. Aber welche? Ist es der Fisch? Ist es der Vogel? Ist es die Physik? Ist es der Glaube?

M. C. ESCHER: Luft und Wasser II
© 1994 M. C. Escher / Cordon Art - Baarn - Holland. All rights reserved.

sonderen Form des Erfahrens verknüpft. Wirklichkeiten kann man nicht *haben* oder *besitzen*. Wirklichkeiten, die nicht aus dem Selbst heraus vollzogen werden, sind sozusagen "entselbstet". Ein naturwissenschaftliches Bild würde in einem solchen Fall zu einem stumpfen Formelwissen verkommen, ein Glaubensbild käme über "Gottvater mit Bart" nicht hinaus.

FÜHREN MEHRERE BILDER, MEHRERE WIRKLICHKEITEN INS UNGEWISSE?

Selbstverständlich steht man bei mehreren Bildern vor der Frage, nach welchem Kriterium man die Bilder auswählen soll. Die Antwort hierauf ergibt sich aber von selbst, wenn man bedenkt, daß die Wirklichkeit der unterschiedlichen Bilder auf uns einen bedeutenden Einfluß haben und unser Leben zerstören oder aber auch gelingen lassen kann. Wenn man zum Beispiel vor einer ernsten Krankheit steht, dann wird man sich selbstverständlich dem rationalen naturwissenschaftlichen Bild der Medizin zuwenden und ihre Erklärungen und Voraussagen dem eigenen Handeln zugrunde legen und andere Bilder, die es da gibt, vielleicht zurückstellen. Wenn man hingegen bei dieser Gelegenheit erfährt, daß man nur noch zwei Wochen zu leben hat, dann wird unter Umständen das rationale Bild eher in den Hintergrund treten, weil es belanglos geworden ist. Und es gibt vielleicht gerade jetzt in der ärgsten Not die Glaubens-Wirklichkeit eine Geborgenheit und Hoffnung, die dem Außenstehenden wiederum unverständlich erscheinen mag. In einem anderen Fall mag einem ein philosophisch Gedachtes die bedrückende Enge einer empirisch-wissenschaftlichen Argumentation erweitern und zu einer eher ganzheitlichen Sicht führen und den Menschen befreien. Ein Mythos, der in geheimnisvoller Weise von Göttern, Menschen und Dämonen spricht, eine solche Wirklichkeit ist uns heute fremd; aber wenn man die Sternbilder und ihre Mythen etwas nachdenklich betrachtet, so kommt man zu der Auffassung, daß vieles, was dort erzählt wird, früheren Menschen einmal eine Wirklichkeit war.

Aber sogar auch dann, wenn man sich ausschließlich dem naturwissenschaftlichen Bild zuwendet, hat man oft zwischen mehreren Bildern, mehreren Wirklichkeiten auszuwählen. Unterschiedliche Gesichtspunkte können da herangezogen werden. Einmal kann man Bilder bevorzugen, die eine größere praktische Anwendbarkeit versprechen. Auch mag das Prinzip der Einfachheit eine Entscheidungshilfe sein. Aber ist wirklich für jeden Menschen alles in der gleichen Weise einfach? Gilt das auch für andere Kulturkreise? Ein anderes Auswahlprinzip für die erwünschte Wirklichkeit ist das Prinzip der universellsten Aussagekraft. Was soll man aber tun, wenn ein Bild mit universellster Aussagekraft sich der praktischen Anwendbarkeit widersetzt? Es ist schon wahr, das von Paul Feyerabend vertretene Prinzip - "Anything goes" - hat viele Bürger verschreckt, aber es ist auch hier etwas Wahres dran: Es zeigt sich, daß der Fortschritt der Naturwissenschaft nicht nach Rezepten und Regeln verläuft, so sehr man sich das auch wünschen mag. Kleine Geister wenden sich empört ab und würden am liebsten alle anderen Bilder verbieten. Aber die Naturwissenschaft hat es nicht notwendig, sich hinter verabsolutierten Aussagen zu verstecken. Nur jene Sekten, die ihrer Lehre im tiefsten Inneren selbst nicht sicher sind, *weil sie diese Lehre nämlich nicht aus dem eigenen Selbst heraus vollziehen*, müssen zu solchen Maßnahmen greifen. Die Naturwissenschaft hat aber die

Kraft, auch ohne eine solche Krücke neben anderen Bildern zu bestehen.

Wenn neben der Naturwissenschaft andere Bilder stehen, so tut ihr das keinen Abbruch. An ihrer Funktionstüchtigkeit ändert sich nichts! Die Naturwissenschaft kann auch ohne Verabsolutierung *ihren Dienst in der Gesellschaft erfüllen*. Dazu braucht sie keine Sondervollmachten! Im Gegenteil: Eine Kontrolle der Naturwissenschaft durch *andere* Ideen, zum Beispiel durch ethische Ideen, durch andere Bilder oder bloß durch Ehrfurcht vor der Schöpfung, kann der Gesellschaft nur dienlich sein. (Die heute praktizierte Kontrolle der *Naturwissenschaft* durch *Naturwissenschafter*, die von *Naturwissenschaftern* ausgewählt wurden, ist hierfür natürlich nicht geeignet, auch wenn dieses sogenannte "Evaluations-Verfahren" heute opportun erscheint.) Mag sein, daß durch eine Kontrolle der Naturwissenschaft durch andere Bilder der naturwissenschaftliche "Heiligenschein" etwas an Glanz verliert und auch ihre Autorität zurückgeht. Aber das kann eigentlich kein Nachteil sein.

Die hier schon angedeutete Gefahr einer Verabsolutierung eines Bildes soll noch einmal aufgegriffen werden. Wir wissen: Was uns in al-

Dieser Holzschnitt von ESCHER charakterisiert treffend, in welcher Situation man sich offenbar befindet.

Im kleinen gesehen, stimmt ja alles recht schön. Im großen betrachtet, passen jedoch unsere Bilder nicht mehr zusammen.

Die gesamte Anschauung, also all das, was uns noch unstrukturiert gegenüber steht, läßt sich nicht in einem einzigen Bild vereinen. Es läuft darauf hinaus, daß wir vor mehreren Bildern, mehreren Wirklichkeiten stehen und keinem Bild, keiner Wirklichkeit eine grundsätzliche Priorität zuordnen können.

M. C. ESCHER: Relativität
© M. C. Escher / Cordon Art - Baarn - Holland. All rights reserved.

ler Komplexität gegenüber steht, läßt sich *nicht in einem einzigen Bild*, einer einzigen Wirklichkeit vereinen. Jede Verabsolutierung eines Bildes führt - weil andere Bilder dadurch ausgeschlossen werden - zur Verarmung und kann zuletzt in Intoleranz münden. Hier kann man etwa an die Zerstörung religiöser Bilder durch eine verabsolutierte Naturwissenschaft denken. Man kann aber auch eine Einengung der Naturwissenschaft durch einen verabsolutierten Glauben bemerken (Galilei). Andere Beispiele kann man im verabsolutierten Nationalismus, im Rassenhaß, in der Fremdenfeindlichkeit oder im Verdrängen anderer Kulturen durch unsere technisch-naturwissenschaftliche Zivilisation sehen. Aber die Verabsolutierung der Rationalität zeigt auch in unserer Zivilisation ihre Schattenseiten, wenn der Bürger zwecks Manipulation mit rationalen Argumenten - mit sogenannten Sachzwängen - hingehalten wird: Er soll keinen Widerstand leisten und zu allem, was ihm zugemutet wird, bloß zustimmend nicken. Vom atomaren Endlager bis zur Verbetonierung von Aulandschaften.

Bilder geben uns auf ihre Weise eine *klare Orientierung für das Handeln*. Aber auch in diesem Bereich zeigt sich, daß eine Monokultur des Denkens in Probleme führt. Zwar gibt uns auch eine Monokultur eine Orientierung für das Handeln, jedoch findet diese "monokulturelle" Orientierung nicht ins Gleichgewicht, weil die Gegenkräfte fehlen. Monokulturen sind niemals stabil, weil ohne multidirektionale Gegenkräfte jedes Wachstum exponentiell ist und zuletzt das System vernichtet. Ein Bilderpluralismus dagegen ist durch seine Vielfalt der Kräfte ein Garant für Stabilität.

Lassen Sie mich in einfachen Worten noch einmal sagen, was mein Anliegen ist: Ich meine, daß das Wesen des Menschen in seinem tiefen Selbst, im Sein begründet ist. Ich will sagen, daß das, was wir als Wirklichkeit bezeichnen, bloß ein Bild ist. Ich meine, daß das naturwissenschaftliche Denken einseitig ist. Ich meine, daß viele andere Bilder ganz wesentlich sind: Glaube, Kunst, Ästhetik, Ethik, sowie Bilder, die uns zur Liebe und Toleranz, sowie zur Verbundenheit mit der Natur führen. Ich meine, daß all diese Bilder, *ohne eine Priorität für sich zu beanspruchen,* im Gleichgewicht nebeneinander stehen müssen, um die Gefahr der Instabilität unserer Zivilisation einzudämmen.

GLOSSAR

Einige Wörter, die im voranstehenden Text eine etwas abweichende Bedeutung haben, als üblicherweise in der Umgangssprache gesagt wird, sind hier in diesem Glossar zusammengestellt und erklärt. Darüber hinaus findet man aber auch Stichwörter, die im Zusammenhang mit unserem Text wichtig sind und deren Vernetzung mit anderen Begriffen durch Hinweispfeile (=>) deutlich gemacht wird. Man erkennt dadurch die wechselseitige Beziehung dieser Begriffe und findet von mehreren Seiten einen Zugang zu dem, was man auch Wirklichkeits-Pluralismus nennen könnte.

Aggressivität (=> entwurzelte Bilder)
Anschauung
Das Wort Anschauung meint eine möglichst allgemeine, breite und unverengte Form des Gewahrwerdens und Innewerdens, also gewissermaßen ein wahrnehmungshaftes Gewahrwerden, ein empirisches, nichtbegriffliches Erfassen, aber auch ein "nicht an die Sinne gebundenes" Erfahren. Diese Anschauung, die sich im allgemeinen aus einzelnen Anschauungselementen zusammensetzen wird, ist die Basis, auf der die (=>) Verknüpfungsinstrumente aufsetzen und zum (=>) Gegenwurf führen.

Der "Anschauer der Anschauung" ist das (=>) Selbst, das jenseits der Anschauung und jenseits der daraus konstruierten Bilder liegt.

Man beachte: Wenn von Anschauung die Rede ist, stehen wir ganz am Anfang unserer Überlegungen und planen Begriffe zu bilden, um aus ihnen später eine ganze Wissenschaft zu bauen, zum Beispiel die Physik, die Chemie oder die Physiologie. Wenn wir von Anschauung sprechen, so müssen wir uns streng davor hüten, schon jetzt durch genauere Angaben die Art, wie die Anschauung gewonnen wird, exakt festzulegen. Man darf also nicht sagen, daß Anschauungselemente zum Beispiel mit meinem Auge, das wie ein Fotoapparat funktioniert, gewonnen wurden, wobei Nervenzellen die Reizleitung zum Gehirn besorgt haben. In diesem frühen Stadium unserer Überlegungen haben wir noch gar keine Physik, die optische Gesetze zur Verfügung stellen könnte. Wir haben noch keine Physiologie, die eine Reizleitung in Nervenzellen denken könnte. Eine genaue Angabe, auf welche Weise die Anschauung gewonnen wird, wäre ein Vorurteil zugunsten eines *erst später konstruierbaren* Denkmusters. "Man setzt das voraus, was man gefunden hat und findet dann jenes, was man vorausgesetzt hat."

a priori (lat. *vom früheren her*)

Die Richtigkeit einer apriorischen Einsicht kann durch eine Erfahrung weder bewiesen noch widerlegt werden. Eine solche Einsicht ist im allgemeinen durch ein unmittelbares Verstehen gekennzeichnet. (=>) Logik und Mathematik zum Beispiel sind rein apriorisch gegeben. Einer apriorischen *Einsicht* steht die aposteriorische *Erkenntnis* (=> empirisch-wissenschaftliche Sicht) gegenüber, die aus der Wahrnehmung und aus der Erfahrung stammt.

Bild (=> Gegenwurf)

Denkmuster (=> Gegenwurf)

Einsicht (=> a priori)

empirisch wissen

Wenn man sagt, daß man um etwas "empirisch weiß", dann muß sichergestellt sein, daß hier nur jene Einsichten zugelassen werden, die uns aus der Erfahrung entgegen kommen. In der Naturwissenschaft steht daher das (=>) Experiment im Zentrum. Nur die Erfahrung ist die Quelle des empirischen Wissens (=> *Verknüpfungsinstrumente*). Etwas, was nicht empirisch erfaßbar ist, darf daher *nicht* in den Fundus des empirischen Wissens aufgenommen werden.

empirisch-wissenschaftliche Sicht

Die empirisch-wissenschaftliche Sicht ist eine Sicht, die auf empirische und wissenschaftliche Weise gewonnen wird. "Empirisch" meint auf der Erfahrung fußend (=> *empirisch wissen*) und "wissenschaftlich" meint im besten Fall logisch kohärentes Verbinden der Ergebnisse (=> Logik). Wendet man dieses empirisch-wissenschaftliche Vorgehen auf die Natur an, dann betreibt man Naturwissenschaft. Die naturwissenschaftliche Sicht ist also ein ganz wichtiger Teilbereich der empirisch-wissenschaftlichen Sicht (=> *naturwissenschaftliche Sicht*).

entwurzelte Bilder

Es ist von großer Wichtigkeit, daß Bilder, daß (=>) Gegenwürfe nicht entwurzelt werden, sondern daß jedes dieser Bilder stets aus dem eigenen Selbst lebendig vollzogen wird. Durch das Vollziehen eines Bildes wächst es aus dem Selbst. Das eigene tätige Aufspannen des Bildes ist also wichtig. Ein *naturwissenschaftlich-technisches Bild* darf nicht durch Entwurzelung zu einem stumpfen Formelwissen verkommen. Ein solches wäre belanglos, da es fast nicht anwendbar ist. Nur wenn man um die Entstehung dieses Wissens weiß, kennt man die Grenzen der Anwendbarkeit und kann in der Forschung kreativ mitwirken. Auch im Bereich der *Glaubensbilder* ist das eigene Vollziehen des Glaubens der entscheidende Punkt. Es kommt darauf an, das eigene Leben aus innerer Überzeugung, auf den Glaubensgrundsätzen fußend, zu gestalten. Auch ein *Kunstwerk* muß den ganzen Menschen von seiner Tiefe her erfassen. Faktenwissen mag schön sein, ist hier aber nicht das Primäre.

Entwurzelte Bilder werden sehr leicht verabsolutiert. Man weiß nicht mehr um ihre Entstehung und glaubt, in diesem Bild eine unverrückbare Wahrheit vor sich zu haben. Man glaubt sehr gerne, daß man eine Wahrheit wie eine Sache "haben" oder "besitzen" könne. Ein solcher vermeintlicher Besitz erscheint jedoch immer wieder gefährdet, wenn eine anders lautende "Wahrheit" auftaucht. Dieses Gefühl der Gefährdung und Unsicherheit, die Angst, den Boden unter den Füßen zu verlieren, führen oft zur *Aggressivität* und zum Gefühl, den vermeintlichen Wahrheitsbesitz notfalls auch verteidigen zu müssen. (Beispiel: "Deutsche Physik" im Dritten Reich, Glaubenskriege.) Eine besondere Form der Verabsolutierung ist der (=>) Solipsismus.

Entwurzelten Bildern droht darüber hinaus immer die Gefahr einer Verarmung der Bildinhalte. Wenn zwei entwurzelte Bilder nebeneinander stehen und einige einander widersprechende Details aufweisen, dann wird man sie in jenem Bild zu eliminieren versuchen, welches man für unwahrscheinlicher hält. Beispiel: Früher hat man versucht die Galileische Sicht zu eliminieren; in der Jetztzeit reibt man sich an der Vorstellung eines Schöpfer-Gottes, der "die Welt aus nichts erschaffen hat".

Erkenntnis (=> empirisch-wissenschaftliche Sicht; aber auch => a priori)

Erklärung und Voraussage, wissenschaftliche

Eine wissenschaftliche Erklärung ist eine Antwort auf eine Warum-Frage. Man meint dabei eine Schlußfolgerung, die auf Gesetzen und Theorien (=> *Theorien*) fußt, und empirisch feststellbare Einflußgrößen (sogenannte Randbedingungen) einbezieht, wodurch das zu erklärende Ereignis "zu verstehen" ist. Wenn ein Luftballon auf eine Herdplatte fällt und dort zerplatzt, so ist das erklärlich, wenn man erfährt, daß die Festigkeit von Kunststoffen temperaturabhängig ist (= Gesetz) und die Herdplatte sehr heiß war (= Randbedingung). Ein erklärtes Phänomen steht zuletzt als (=>) Gegenwurf, als Denkmuster, als Bild vor unseren Augen; ein Denkmuster eines erklärten Phänomens stellt für uns eine (=>) Wirklichkeit dar.

Wissenschaftliche Voraussagen haben die gleiche Struktur wie Erklärungen, nur liegt das zu erklärende Ereignis noch in der Zukunft.

Experiment

Experimente sind methodengeleitete, planmäßige Eingriffe in der Natur. Hierbei wird die Wirkung der Einflußgrößen auf eine Naturerscheinung in Einzeluntersuchungen, nacheinander und voneinander getrennt studiert (Analyse), und es werden diese sezierten Einzelphänomene hinterher gedanklich zum interessierenden Gesamtgeschehen wieder zusammengesetzt (Synthese). Hierdurch wird das Gesamtgeschehen als Summe der sezierten Einzelphänomene aufgefaßt. Insbesondere werden vernetzte Systeme durch diese Vorgangsweise in ihrem Wesen nicht erfaßt und sie entziehen sich dadurch dem Verstehen. (=> empirisch wissen, => Tatsache (ohne Anführungszeichen), => Wirklichkeit (ohne Anführungszeichen)).

Gegenwurf

Mit dem Wort Gegenwurf ist jenes gemeint, was einem "entgegengeworfen" wird, wenn man mit einer bestimmten Methode etwas zu erkennen versucht. Wenn man zum Beispiel mit einer empirisch-wissenschaftlichen Methode (=> Verknüpfungsinstrumente) vorgeht, dann gewinnt man einen empirisch-wissenschaftlichen Gegenwurf. Es wurde das Wort Gegenwurf gewählt, um es deutlich vom Wort Objekt zu unterscheiden. Das Wort Objekt bedeutet zwar auch "Entgegengeworfenes" (*obicere* lat. entgegenwerfen), aber man verbindet mit diesem Wort gerne den Gedanken, daß ein Objekt einem fest und sicher gegenübersteht, ohne sich zu fragen, wieso und auf welche Art man hiervon eigentlich weiß.

Das Wort Gegenwurf ist nicht ausschließlich auf die Bedeutung eines empirisch-wissenschaftlichen Gegenwurfes fixiert, sondern bezieht sich auch auf Gegenwürfe, die auf anderen Wegen, mit anderen Methoden gewonnen wurden (zum Beispiel philosophische, religiöse, künstlerische u. a. Gegenwürfe).

Weitgehend gleichbedeutend zum Wort Gegenwurf ist das Wort Denkmuster. Es bringt etwas unbeschwerter zum Ausdruck, daß neben dem einen gedachten Muster vielleicht auch ein anderes gedachtes Muster stehen könnte. Neben dem Wort Gegenwurf und dem Wort

Denkmuster wird oft auch das schlichte Wort Bild oder Sicht verwendet.

Auf einen besonders wichtigen Punkt ist zu verweisen: Ein Gegenwurf entsteht dadurch, daß ein (=>) Verknüpfungsinstrument Anschauungselemente (=> Anschauung) aufgreift und ein Denkmuster gestaltet. Dieser Gegenwurf, dieses Denkmuster lebt dadurch, daß man es selbst vollzieht, daß man es selbst aus der Anschauung über den Weg der Verknüpfungsinstrumente aufbaut. Ein Gegenwurf hat Wirklichkeitscharakter (=> Wirklichkeit). Ein Gegenwurf darf nicht von seinem Gewordensein abgetrennt und entwurzelt werden. (=>) Entwurzelte Bilder laufen Gefahr verabsolutiert zu werden, zu verarmen und unbrauchbar zu werden.

Gesetze (=> Theorien)

Handeln

Das Handeln ist eng mit jenem verbunden, was man Wirklichkeit, Bild oder Denkmuster nennt. Bilder oder Denkmuster können für den Menschen nämlich zum Motiv für sein Handeln werden. Die Bilder geben im allgemeinen eine klare Orientierung für das Handeln. Das naturwissenschaftliche Bild gibt zum Beispiel rationale Handlungsanweisungen, die mit Sorgfalt einzuhalten sind. Soferne einzig und allein *nur* ein naturwissenschaftliches Bild vorliegt und sonst keine Bilder gesehen werden, kommt das Handeln nicht über das sorgfältige Einhalten gewisser naturwissenschaftlicher Regeln hinaus. Erst wenn mehrere Bilder vorliegen, die auch ethische Fragen ansprechen, ist *verantwortliches Handeln* in Freiheit möglich.

Kumulativität des Wissens

Man glaubt gerne, daß alles, was man *richtig* erkannt hat, für alle Zeiten richtig bleibt und somit zum "sicheren Schatz des Wissens" zählt. Man glaubt gerne an eine Kumulierbarkeit des naturwissenschaftlichen Wissens, wodurch ein "sicherer Turmbau der Wissenschaft " möglich sei. Diese Ansicht ist sehr zu bezweifeln. Auf fast allen Gebieten der Wissenschaft sind statistische Gesetze heute unverzichtbar. Erklärungen aber, die solche Gesetze verwenden, führen in eine Mehrdeutigkeit besonderer Art, die nur durch sorgfältige Einbeziehung der kompletten momentanen Wissenssituation beseitigt werden kann. Die bisher als fraglos gültig angesehene Kumulativität des Wissens ist aber damit unterbrochen, weil sich Wissen ab nun nur noch auf die momentane Wissenssituation bezieht.

Logik und Mathematik

Unter Logik versteht man die Lehre vom richtigen Denken. Die Regeln für diese Richtigkeit werden durch die logischen Axiome festgelegt:

1) Satz der Identität: Jeder Begriff muß im Verlauf eines zusammenhängenden Denkprozesses seine Bedeutung beibehalten.

2) Satz des Widerspruches: Zwei Urteile, die widersprüchlich, einander entgegengesetzt sind, können nicht beide zugleich wahr sein. Wenn das eine Urteil wahr ist, muß das andere Urteil falsch sein.

3) Satz des ausgeschlossenen Dritten: Wenn über einen Gegenstand zwei entgegengesetzte Behauptungen vorliegen, dann kann nur *eine* Behauptung richtig sein und keine *dritte*.

4) Satz vom zureichenden Grund: Eine Erkenntnis kann nur dann als bestehend angesehen werden, wenn dafür ein zureichender Grund vorliegt.

Axiome sind Grundsätze, die nicht bewiesen werden können, die aber im allgemeinen als richtig unmittelbar einleuchten. Axiome dienen als Grundsätze für andere Sätze. Axiome können auch vereinbart werden.

Man spricht von *mehrwertiger Logik,* wenn zwischen zwei entgegengesetzten Aussagen neben "wahr/falsch" auch noch andere Aussagen, wie zum Beispiel "möglich", zugelassen sind.

Die heutige Begründung der *Mathematik* geht nicht mehr von Axiomen aus, *die evidente Wahrheiten sein müssen.* Die Axiome sind vielmehr als formal eingeführte Setzungen zu betrachten, wobei das ganze Axiomensystem in sich widerspruchsfrei sein soll. Die Mathematik findet in der Naturwissenschaft umfangreiche Anwendungen. Man darf aber deswegen nicht in den Irrtum verfallen, die Mathematik als eine Unterabteilung der Naturwissenschaft zu betrachten. Mathematische Gebilde sind apriorische Einsichten (=> a priori). Sie gehen der Naturwissenschaft voraus und sind nicht ein Teil von ihr.

Methoden des Wissens (=> Verknüpfungsinstrumente)

Mosaik

Ein Mosaik besteht aus vielen verschiedenen Mosaiksteinen. Es ist selbstverständlich, daß man aus Mosaiksteinen *beliebig viele verschiedene Bilder* zusammensetzen kann. Das Mosaik wird als Metapher für den (=>) Pluralismus verwendet. Das Gegenstück zum Mosaik ist das (=>) Puzzle-Spiel.

naturwissenschaftliche Sicht
Naturwissenschaftliche Sicht meint jene Sicht, die die physikalischen, chemischen, biologischen, medizinischen, geologischen, mineralogischen und meteorologischen Teilbereiche bis hin zur Astronomie behandelt. Die naturwissenschaftliche Sicht ist dadurch gekennzeichnet, daß sie an die *Natur* empirisch (dh. auf "Erfahrungstatsachen" beruhend) herangeht und alle Details wissenschaftlich (dh. logisch kohärent) verbindet. (=> *empirisch-wissenschaftliche Sicht.*)

naturwissenschaftlicher Mystizismus (=> "Wirklichkeit" (unter Anführungszeichen))

objektive Wirklichkeit (=> Realität (ohne Anführungszeichen))

Pluralismus
Durch (=>) Verknüpfungsinstrumente, zum Beispiel durch die Methode des Wissens, werden Anschauungselemente (=> Anschauung) aufgegriffen und zu einem (=>) Gegenwurf verbunden. Andere Methoden der Verknüpfung führen zu anderen Bildern, woraus ein Bilderpluralismus resultiert. Jedes Bild ist zwar aus bestimmten aufgegriffenen Anschauungselementen geworden und ruht daher letztlich auf dem (=>) Selbst und dem Sein. Es darf aber ein Bild nicht als eine wahre Abbildung des Seins, als ein "Abdruck" des Seins mißverstanden werden. Die entstehenden Bilder werden im allgemeinen nicht kohärent sein, sie werden also nicht als verschiedene Aspekte einer einzigen zugrundeliegenden Gegebenheit aufzufassen sein. Das, was einem in komplexer Weise in der Anschauung gegenübersteht, wird im allgemeinen in einer Vielfalt von Bildern zu sehen sein. Eine Metapher für ein Bild im

Bilderpluralismus ist das (=>) Mosaik. Aus Mosaiksteinen kann man verschiedene Bilder zusammensetzen.

Puzzle-Spiel

Zerschneidet man ein großes, buntes Bild in viele einzelne Teile, so kann man, wenn man sich die Mühe nimmt, dieses Bild wieder zusammensetzen. Ein solches Puzzle-Spiel hat natürlich *nur eine einzige Lösung*, nämlich eine solche Puzzle-Stein-Anordnung, die das ursprüngliche Bild wieder ergibt. Das Puzzle-Spiel wird als Metapher für den (=>) Singularismus verwendet. Das Gegenstück zum Puzzle-Spiel ist das (=>) Mosaik.

"Realität" (unter Anführungszeichen)

Mitunter begegnet man im halbwissenschaftlichen Sprachgebrauch einem Phantom, der sogenannten *absoluten Realität*. Diese "Realität" stellt man sich zumeist irgendwie als etwas vor, was man zwar nicht unmittelbar sehen kann, was aber doch sozusagen "hinter" den Phänomenen *absolut* und *unveränderlich* steht. Wir erkennen (=> "Wirklichkeit" (unter Anführungszeichen)), daß diese geheimnisvolle, verborgene "Realität" eine Hypothese ist, die man nicht braucht.

Realität (ohne Anführungszeichen)

Das Wort *Realität* meint eine intersubjektive (=>) Wirklichkeit, also eine Wirklichkeit, die für *jedes* (oder fast jedes) erkennende Wesen, das in dieser Wirklichkeit vorkommt, für jedes Subjekt gültig ist. Eine solche intersubjektive Wirklichkeit nennt man auch objektive Wirklichkeit. Die Realität ist genauso wie die (=>) *Wirklichkeit* und die (=>) *Tatsachen* an die jeweilige Form des Erfahrens, also zum Beispiel an die verwendete *Methode des Wissens*, gebunden. (Der Ausdruck

Realität ist nicht nur auf empirisch-wissenschaftliche Realitäten zu beschränken.)

Realität als Fortschrittsasymptote

Die naturwissenschaftliche Methode, die die Realität, die intersubjektive Wirklichkeit, aufzugreifen bestrebt ist, ist durch ständige experimentelle Überprüfung gekennzeichnet. Sobald ein Experiment ein Ergebnis liefert, das mit dem Begriffs-Theorie-Erklärungs-Geflecht (=> Verknüpfungsinstrument) in Konflikt kommt, ist dieses Geflecht derart zu verändern, daß der Widerspruch verschwindet. Das naturwissenschaftliche Bild schmiegt sich dadurch im Lauf der Zeit immer enger an seinen "Forschungsgegenstand" an, der zwar nie unmittelbar zu sehen ist, der aber immer besser modellhaft abgebildet wird. Der wissenschaftliche Fortschritt nähert sich also gleichsam einem Bild, einem Denkmuster an, welches als Fortschrittsasymptote aufgefaßt werden kann. Man beachte, daß diese Asymptote des Forschungsfortschrittes sich bei einer wissenschaftlichen Revolution in ihrer Richtung ändern kann (=> "Wirklichkeit" (unter Anführungszeichen)). Man wird daher darauf Bedacht nehmen, daß man die *Realität als Fortschrittsasymptote* nicht verabsolutiert (=> "Realität" (unter Anführungszeichen)).

Sein (=> Selbst)

Selbst

Das Selbst ist "der Anschauer der (=>) Anschauung". Es ist das Selbst die Voraussetzung für das Anschauen, für das besondere Verknüpfen und für das Bilden eines Gegenwurfes (=> Verknüpfungsinstrument). Das Selbst ist - weil es die Voraussetzung für die Bilder ist - jenseits der Bilder. Unter dem Selbst ist jene unerkennbare *eigene* tiefste Tiefe gemeint, aus der man anschaut. In seiner unauslotbaren und weitesten Ausprägung ist das Selbst das *Umfassende*, ist es das *Sein*.

Sicht (=> Gegenwurf)

Singularismus

Der Singularismus ist die offenbar zu enge Vorstellung, man könne das, was uns in komplexer Weise entgegenkommt, in einem *einzigen* Bild, einem einzigen (=>) Gegenwurf vereinen (=> entwurzelte Bilder). Eine Metapher für den Singularismus ist das (=>) Puzzle-Spiel, das nur *einer einzigen* Lösung fähig ist.

Solipsismus

Solipsismus ist die philosophische Meinung, die das *subjektive Ich* mit seinem Bewußtseinsinhalt für das einzig Seiende hält.

Das *subjektive Ich* darf nicht mit dem *Selbst* verwechselt werden. Das *subjektive Ich* wird in einem Bild, zum Beispiel im naturwissenschaftlichen Bild, sichtbar. Das *Selbst*, das in seiner tiefsten Tiefe im Sein versinkt, bringt dieses naturwissenschaftliche Bild hervor. In diesem naturwissenschaftlichen Bild ist das *subjektive Ich* zu sehen, wie es den *Objekten* gegenübersteht.

Kein Bild und natürlich auch kein Bilddetail darf verabsolutiert werden (=> "Wirklichkeit" (unter Anführungszeichen), => entwurzelte Bilder). Ein Solipsismus, der das Bilddetail eines *subjektiven Ich* verabsolutiert, ist daher abzulehnen.

"Tatsache" (unter Anführungszeichen)

Der Ausdruck "Tatsache" meint jene vermeintlich vorhandene Tatsache, von der man glaubt, daß sie un-

abhängig von der Form des Erfahrens (=> Verknüpfungsinstrumente) existiere. Das Wort "Tatsache" steht
unter Anführungszeichen, weil man hier an eine *absolute Tatsache* denkt, die frei, abgelöst und unabhängig
von der Form des Erfahrens besteht. Eine solche "Tatsache" kann es nicht geben, bei der nicht festgelegt wurde, *auf welche Weise* sie zur "Tatsache" wird. Der Ausdruck "Tatsache" (unter Anführungszeichen) ist also
bloß eine Worthülse ohne Inhalt. Wer Tatsachen dennoch auf diese Weise sieht, huldigt einem *naturwissenschaftlichen Mystizismus*.

Tatsache (ohne Anführungszeichen)

Tatsachen sind die Elemente einer (=>) Wirklichkeit. Tatsachen sind, analog wie die Wirklichkeit, nicht
unmittelbar zugänglich. Die Tatsachen sind in ihrer zu-
gehörigen Wirklichkeit aufeinander bezogen und ergeben in vielfältiger Verzahnung den (=>) Gegenwurf.
Der Ausdruck *Tatsache* ist nicht nur auf empirisch-
wissenschaftliche Tatsachen zu beschränken.

Auch wissenschaftliche Tatsachen *sind also nicht
einfach da*, sondern sie entstehen auf besondere Weise,
sie entwickeln sich nämlich mit dem methoden-
relativen Ergreifen eines Denkmusters. Tatsachen werden erst durch eine Methode sichtbar! Im Rahmen einer
physikalischen Wirklichkeit, die durch die Methode des
Wissens (=> Verknüpfungsinstrumente) ermittelt wird,
kann eine Tatsache zum Beispiel eine "Antwort" auf ein
physikalisches Experiment sein.

Technik

Die Technik macht durch Kenntnis der Naturwissenschaft und deren Anwendung das Gegebene, die Natur, den menschlichen Bedürfnissen entsprechend nutz-

bar. Sie bereichert dabei gleichzeitig - als unerwartete Zugabe gleichsam - in unendlicher Vielfalt die Bedürfnis-Palette des Menschen und befriedigt sie auch im Handumdrehen. Marktwirtschaftlich, versteht sich.

Theorien

Gesetze und Theorien meinen Gebilde der Naturwissenschaft, die in Form eines Modells gesetzliche Bedingungen verkörpern und die möglichst genau sagen, wofür diese Bedingungen gelten. Theorien machen empirische Aussagen, also Aussagen, die der Erfahrung zugänglich sind. (=> *empirisch wissen*, => *Verknüpfungsinstrumente*).

Das Induktionsprinzip war eine jahrzehntelange Hoffnung, daß man die "Wahrheit" von Theorien "beweisen" könne. Doch tausende Aussagen können eine Theorie *nicht beweisen*, eine einzige Aussage kann die Theorie dagegen endgültig widerlegen. Der *Falsifikationismus* beherrscht daher heute unser naturwissenschaftliches Argumentieren. Nichtfalsifizier*bare* Aussagen werden grundsätzlich nicht als naturwissenschaftliche Aussagen anerkannt. "Theorien kann man nie als wahr *erweisen*, sondern höchstens nur als falsch." (=> Realität als Fortschrittsasymptote, => Wahrheit eines naturwissenschaftlichen Bildes)

Umfassendes (=> Selbst)

Verabsolutierung (=> entwurzelte Bilder, => "Wirklichkeit" (unter Anführungszeichen), => "Realität" (unter Anführungszeichen), => Solipsismus)

Verantwortung (=> Handeln)

Verknüpfungsinstrumente

Durch Verknüpfungsinstrumente, insbesondere durch die Methode des Wissens, werden Anschauungs-

elemente (=> Anschauung) aufgegriffen und in begriff-
liche Form gekleidet, zu (=>) Theorien verdichtet und
für (=>) Erklärungen und Voraussagen verwendet. Die
Methode des Wissens ist also ein Verknüpfungsinstrument, welches Anschauungselemente verbindet, bis einem ein (=>) Gegenwurf, ein Denkmuster, ein Bild
(hier die (=>) naturwissenschaftliche Sicht) vor Augen
steht. Es ist einleuchtend: Andere Methoden der Verknüpfung führen zu anderen Bildern. Beispiele für andere Verknüpfungsinstrumente sind das *Vergewissern*,
das zu einem philosophisch Gedachten führt, oder das
Glauben, das zum Geglaubten führt.

Voraussage (=> Erklärung)

Wahrheit eines naturwissenschaftlichen Bildes

Ein naturwissenschaftliches Bild ist wahr, wenn es
mit seiner eigenen (=>) *Realität als Fortschrittsasymptote* übereinstimmt. Man beachte, daß man diese
(idealisiert gedachte) *Realität als Fortschrittsasymptote*
allerdings nie zu Gesicht bekommt. Man kann sich ihr
nur im Lauf der Forschung immer mehr annähern. Man
beachte, daß die Asymptote des Forschungsfortschritts
bei einer wissenschaftlichen Revolution im allgemeinen
ihre Richtung ändert (=> "Wirklichkeit" (unter Anführungszeichen)). Die vorherige, populäre Realität wird
im Zug der wissenschaftlichen Revolution durch eine
neue Realität ersetzt (Paradigmenwechsel).

"Wirklichkeit" (unter Anführungszeichen)

Der Ausdruck "Wirklichkeit" meint jene vermeintlich vorhandene (sozusagen *eine* und *einzige*) Wirklichkeit, von der man glaubt, daß sie *unabhängig* von der
Form des Erfahrens (=> Verknüpfungsinstrumente) existiere. Das Wort "Wirklichkeit" steht unter Anführungs-

zeichen, weil man hier an eine *absolute Wirklichkeit* denkt, die frei, abgelöst und unabhängig von der Form des Erfahrens besteht; eine *Wirk*lichkeit, die unabhängig von der Form des Erfahrens *wirkt*. Eine solche "Wirklichkeit" kann es nicht geben, bei der nicht festgelegt wurde, *auf welche Weise* sie zur Wirklichkeit wird. Der Ausdruck "Wirklichkeit" (unter Anführungszeichen) ist also bloß eine Worthülse ohne Inhalt. Wer Wirklichkeit dennoch auf diese Weise sieht, huldigt einem *naturwissenschaftlichen Mystizismus*.

Das Phänomen des naturwissenschaftlichen Fortschritts verleitet allerdings sehr leicht dazu anzunehmen, daß es so etwas wie eine *absolute Wirklichkeit* gibt. Die naturwissenschaftliche Methode ist nämlich durch ständige experimentelle Überprüfung gekennzeichnet. Wenn das Experiment Ergebnisse liefert, die mit dem Begriffs-Theorie-Erklärungs-Geflecht (=> Verknüpfungsinstrument) *nicht* in Konflikt kommen, dann ist es gut. Wenn allerdings ein Widerspruch auftritt, dann hat der Naturwissenschafter das Begriffs-Theorie-Erklärungs-Geflecht derart zu verändern, daß der Widerspruch verschwindet. Die naturwissenschaftlichen Bemühungen bringen dadurch Ergebnisse hervor, die in ihrem Fortschritt immer genauer werden. Die Ergebnisse schmiegen sich dabei immer enger an ihren "Forschungsgegenstand" an, der zwar nie unmittelbar zu sehen ist, der aber immer besser modellhaft abgebildet wird. Der wissenschaftliche Fortschritt nähert sich also gleichsam einer Asymptote an, die man manchmal für die *absolute Wirklichkeit* (die *absolute Realität*) hält. Man beachte jedoch, daß dieser Fortschritt bloß ein Fortschritt "im instrumentellen Sinn" ist. Die

Methode der Naturwissenschaft macht also gewisse Phänomene sichtbar, an die sich die Naturwissenschaft im Lauf ihres Fortschritts mit verbesserten Theorien hinterher anzunähern versucht. Die Naturwissenschaft nähert sich also im wesentlichen *ihrem eigenen Konstrukt*. Sie nähert sich aber *nicht* jenem an, was man gerne "*absolute* Wirklichkeit" nennt. Die absolute Wirklichkeit ist ein Phantom. Die Asymptote des Forschungsfortschrittes ändert nämlich bei einer wissenschaftlichen Revolution ihre Richtung.

Beispielsweise ist das ptolemäische Weltbild in seiner zweitausendjährigen Beobachtungserfahrung im Lauf der Zeit immer genauer und exakter geworden. Man wäre aber trotzdem nicht gut beraten, wenn man deshalb das ptolemäische Zwei-Kugel-Universum als "absolute Wirklichkeit" sähe. Es ist das Zwei-Kugel-Universum ein Bild, ein Denkmuster, wie man die Beobachtungsdaten sehen kann. Es ist beeindruckend nachzuvollziehen, wie ein und derselbe Datensatz zum Zeitpunkt der kopernikanischen Revolution auf *zwei verschiedene* Weisen - nämlich einmal ptolemäisch und einmal kopernikanisch - also in unterschiedlichen Denkmustern, gesehen und gedeutet werden kann. Es gibt also nicht *eine* "absolute Realität", sondern es gibt *viele* Realitäten, *viele* Wirklichkeiten (=> Wirklichkeiten (ohne Anführungszeichen)), *viele* Bilder. Die Asymptote des *ptolemäischen* Forschungsfortschrittes weist in eine andere Richtung als die Asymptote des *kopernikanischen* Forschungsfortschrittes.

Weitere Beispiele für das Auftreten fundamental anderer Wirklichkeiten ist die newtonsche Mechanik und die Allgemeine Relativitätstheorie: In dem einen Bild erscheint die *Schwerkraft* als Ursache für den freien Fall eines Körpers, im anderen Bild ist die *Raumkrümmung* dafür verantwortlich. Ähnlich ist es auch bei der newtonschen Mechanik kontra Spezielle Relativitätstheorie oder der Elementarstromtheorie kontra Mengentheorie im Magnetismus.

Von einer absoluten Wirklichkeit oder einer absoluten Realität zu sprechen ist sinnlos. Die *absolute Realität* (die *absolute Wirklichkeit*) ist eine Hypothese, die man nicht braucht und die daher zu eliminieren ist.

Wirklichkeit (ohne Anführungszeichen)

Die Wirklichkeit ist der Inbegriff dessen, was wirkt, was erfahren wird. Die physikalische Wirklichkeit zum Beispiel ruht auf Tatsachen, ruht auf den "Antworten", die sich aus physikalischen Experimenten ergeben und auf den Experimentator *wirken*. Die physikalische Wirklichkeit ruht auf einer Vielzahl solcher "Antworten" und wird in ihrer Gesamtheit im physikalischen Gegenwurf sichtbar.

Die Wirklichkeit ist ein (=>) Gegenwurf, der sich durch Anwendung eines bestimmten (=>) Verknüpfungsinstrumentes, also durch eine ganz bestimmte Form des Erfahrens, ergeben hat. Neben naturwissenschaftlichen Wirklichkeiten gibt es auch andere Wirklichkeiten, wie religiöse, philosophische und künstlerische. Die Wirklichkeit ist also das, was das (=>) Selbst aus seinen Anschauungselementen (=> Anschauung) macht.

Die Elemente, aus denen sich eine Wirklichkeit zusammensetzt, nennt man die (=>) Tatsachen dieser Wirklichkeit. Eine Wirklichkeit läßt sich oft auch noch zur (=>) *Realität* verschärfen.

wissen (=> *Verknüpfungsinstrumente* und den engeren Begriff *empirisch wissen*)

Zufall

Unter Zufall versteht man das Eintreten unerwarteter Ereignisse. Unerwartet sind solche Ereignisse, die man nicht voraussehen oder voraussagen kann. Wissenschaftliche Voraussagen haben die gleiche Struktur wie (=>) Erklärungen, sie zeigen, daß Ereignisse auf Grund bekannter Gesetze und Theorien zu erwarten sind. Durch den Vorgang des Wissens (=> Verknüpfungsinstrumente) werden nämlich auf methoden-relative Weise ganz bestimmte Anschauungselemente aufgegriffen und durch den Prozeß der Erklärung zu einem Bild gestaltet (=> Gegenwurf, => "Wirklichkeit", => Wirklichkeit (ohne Anführungszeichen)). (=>) Tatsachen werden sichtbar. All das, was durch die Erklärungen jedoch *nicht* erfaßbar ist, wird *nicht* zusammenhängend gesehen und wird somit als *Zufall* eingestuft.

Wissenschaftliche Revolutionen, die zu *anderen* Denkmustern führen und *anderes* aufgreifen, lassen *anderes* unerklärbar zurück. Jetzt ist *anderes* auf methoden-relative Weise zum Zufall geworden.

Beispielsweise hat die klassische Atomphysik den Bahnbegriff des Elektrons sehr konkret aufgefaßt. Im Rahmen der Quantentheorie dagegen ist es sinnlos geworden, von einer "Bahn des Elektrons" zu sprechen. Wahrscheinlichkeitsgesetze beherrschen im Paradigma der Quantentheorie den Mikrokosmos. Ein anderes Beispiel sind Details der Planetenbahnen, die von der heutigen Physik als Zufall eingestuft werden, während sie von Kepler in seinen *Harmonices Mundi* einer Erklärung zugeführt wurden. Als drittes Beispiel könnte die

Homöopathie genannt werden. Ihre Erfolge sind in der Schulmedizin immer nur als Placeboeffekt deutbar. Was als Zufall gesehen wird, hängt also auch vom Paradigma ab.

WEITERES SCHRIFTTUM

Die hier angerissene Thematik ist in einigen anderen Schriften ausführlich dargestellt worden. Dort habe ich auch das umfangreiche Schrifttum, welches als wertvolle Quelle gedient hat, zusammengestellt. Es ist daher nicht nötig, den vorliegenden Text durch ausführliche Quellenzitate und Anmerkungen zu belasten.

Das Buch **"Sprengsatz Wissenschaft"** wendet sich gegen die Monokultur von Naturwissenschaft und Technik. Naturwissenschaft und Technik genießen für gewöhnlich eine scheinbar unwidersprochene Priorität. Im Sprengsatz Wissenschaft wird von innen her, also aus dem Verständnis der Naturwissenschaft und Technik heraus, die Frage beleuchtet, wie es gekommen ist, daß sie sich zum alleinigen ernstzunehmenden Weg mausern konnten. Die Antwort, die gefunden wird, ist verblüffend: Es ist ein Irrtum gewesen, daß der Naturwissenschaft und Technik diese Priorität zugestanden wurde. Es ist schockierend zu sehen, daß der "Glanz" von Naturwissenschaft und Technik bloß ein Pseudoglanz ist. Denn die Methode des Wissens ruht auf unverifizierten hypothetischen Verallgemeinerungen, und eine ganze Reihe eigenartiger Ungereimtheiten stellt die Basis des naturwissenschaftlichen Argumentierens dar. Naturwissenschaftliche Theorien sind bloß Modelle, die in Bereichen gelten, die man gar nicht genau abstecken kann. Keine andere kulturelle Bemühung hat seit den Anfängen der Menschheit je ein so umfassendes Gefährdungspotential geschaffen.

Das Büchlein **"Zerbricht die Wirklichkeit?"** faßt zwei Essays zusammen. Das eine Essay wendet sich ei-

nem scheinbaren Detail zu, das andere möchte dazu an-
regen, den Blick auch in die Ferne zu richten. Das erste
Essay spricht von der vermeintlichen Priorität der naturwissenschaftlichen Methode und das zweite Essay
von der scheinbaren Einzigartigkeit der damit gewonnenen naturwissenschaftlichen Sicht. Die beiden Essays
spannen einen Bogen, der von der Wirklichkeit der Naturwissenschaft und Technik bis zu Fragen der Meditation und Mystik reicht. Es werden erstaunliche Worte
und Sätze des überragenden Mystikers Meister Eckehart
zitiert, die uns in ihrer Tiefe und Bedeutung wohl sehr
ansprechen. Es tut sich ein Pluralismus auf, der auch
anderen Denkweisen Raum gibt und vor allem die naturwissenschaftliche Sicht von jener manchmal geübten
und unangemessenen Aufgabe befreit, eine "heilsabso-
lute Wahrheit" auf allen Gebieten verkünden zu müssen. Das Büchlein enthält in einem Epilog auch ein kur-
zes Märchen von I. Wertner, welches in nachdenkli-
chen, dichterischen Worten auf den wertvollen Bilder-
reichtum hinweist, der durch verengtes Denken so
leicht verloren geht.

Im Buch über **"Die empirisch-wissenschaftliche
Sicht"** wird das Begriffs-, Gesetz- und Erklärungsfundament der Naturwissenschaft beleuchtet. Eine Reihe
erstaunlicher Probleme zeigt sich, wodurch man zu der
Auffassung kommt, daß die in der Naturwissenschaft
gesehene Wirklichkeit ein Denkmuster ist, welches als
relative Reflexion relativ ausgewählter Elemente des
Gewahrwerdens konstruiert wurde. Hier wird ausführlich auf das umfangreiche Schrifttum verwiesen.

"Die Philosophie der Bilder" ist ein kurzer Auf-
satz, der ohne langatmige Details jenes beleuchtet, was

man üblicherweise die naturwissenschaftliche Wirklichkeit nennt. Es zeigt sich, daß das, was wir als Wirklichkeit bezeichnen, bloß ein Bild ist und daß den Menschen anderer Kulturen ihre Bilder aus dem gleichen Grund tiefe Wirklichkeiten waren und sind. Neben philosophischen und religiösen Bildern, neben schöpferisch gestalteten Wirklichkeiten stehen naturwissenschaftliche Sichten in wertvoller Relativität.

Die "Sternbilder und ihre Mythen" zeigen in geheimnisvollen Erzählungen, daß vieles, was in Bildern, Symbolen und Berichten unsere heutige Zeit erreicht hat, früheren Menschen einmal eine Wirklichkeit war. Das Buch spricht über Sternbilder und ihre Mythen in zweifacher Weise. Erstens hat es die Absicht, dem Leser zu helfen, wenn er sich am Sternenhimmel zurechtfinden will, und zweitens will es ihm die Vielfalt der Bilder vermitteln, die damit verbunden sind. Sternkarten und alte Kupferstiche aus dem Bestand der Österreichischen Nationalbibliothek zeigen, wie man sich in früheren Jahrhunderten die Sternbilder vorgestellt hat. (Die erwähnte "Philosophie der Bilder" ist in diesem Buch als Teilkapitel abgedruckt.)

Fasching Gerhard:
Sprengsatz Wissenschaft. Vom Ende unserer Zivilisation. Edition Va Bene, Wien, 1993.

Fasching Gerhard:
Zerbricht die Wirklichkeit? Springer-Verlag, Wien New York, 1991.

Fasching Gerhard:
Die empirisch-wissenschaftliche Sicht. Springer-Verlag, Wien New York, 1989.

Fasching Gerhard:
Die Philosophie der Bilder. Zeitschrift für Ganzheitsforschung. Philosophie - Gesellschaft - Wirtschaft. Neue Folge, 36. Jahrgang, Wien, III/1992.

Fasching Gerhard:
Sternbilder und ihre Mythen. Springer-Verlag, Wien New York, 2. Auflage 1994.

ABBILDUNGSNACHWEIS

Seite 11: Herbstgräser unter dem Mond. MORI IPPO, 1798 - 1871.

Seite 15: Winkelmeßgerät für astronomische Messungen. Unbekannter Kupferstecher.

Seite 21: Experiment mit Wasserwellen. SENGUERD WOLFERD. Philosophia naturalis, Leiden, 1685.

Seite 31: Turm zu Babel. M. C. ESCHER. Februar 1928. Holzschnitt (621 x 386). Werkverzeichnis Nr. 118.

Seite 35: Kleiner und kleiner. M. C. ESCHER. Oktober 1956. Holzstich und Holzschnitt in Schwarz und Braun, von vier Blöcken gedruckt. (380 x 380). Werkverzeichnis Nr. 413.

Seite 39: Zeichnen. M. C. ESCHER. Januar 1948. Lithographie (282 x 332). Werkverzeichnis Nr. 355.

Seite 47: Hand mit spiegelnder Kugel. M. C. ESCHER. Januar 1935. Lithographie. (318 x 213). Werkverzeichnis Nr. 268.

Seite 55: Luftschloß. M. C. ESCHER. Januar 1928. Holzschnitt. (624 x 388). Werkverzeichnis Nr. 117.

Seite 59: Andere Welt. M. C. ESCHER. Januar 1947. Holzstich und Holzschnitt in Schwarz, Rotbraun und Grün, von drei Blöcken gedruckt. (318 x 261). Werkverzeichnis Nr. 348.

Seite 63: Luft und Wasser II. M. C. ESCHER. Dezember 1938. Holzschnitt (623 x 407). Werkverzeichnis Nr. 308.

Seite 69: Relativität. M. C. ESCHER. Juli 1953. Holzschnitt (282 x 294). Werkverzeichnis Nr. 388.

Die Werkverzeichnisnummern beziehen sich auf das Gesamtverzeichnis des Graphischen Werkes herausgegeben von J. L. Locher: "Leben und Werk M. C. Escher", Rheingauer Verlagsgesellschaft, Eltville am Rhein, 1986. (Die Abmessungen der Originalbildgröße wurden in Millimeter angegeben.)

Die Bilder von M. C. ESCHER wurden mit freundlicher Genehmigung der Cordon Art B. V. (Exclusive worldwide representative of the M. C. Escher Foundation), Baarn, Holland, abgedruckt.

G. Fasching

Die empirisch-wissenschaftliche Sicht

1989. 87 Abbildungen. X, 432 Seiten.
Gebunden öS 550,–, DM 78,–
Hörerpreis: öS 440,–
ISBN 3-211-82158-9

Der Zugriff der empirischen Wissenschaft stellt sich unter die Forderung des logischen Aufbaues und der empirischen Fundierung. Ein widerspruchsfreies System, bei dem die Erfahrung die Quelle dieses Wissens ist, ist also das Ziel. Hierbei werden Tatsachen durch Begriffe festgehalten, zu Gesetzen verdichtet und für Erklärungen und Voraussagen zielsicher eingesetzt. Das Buch wendet sich diesem Begriffs-, Gesetz- und Erklärungsfundament der „empirisch-wissenschaftlichen Wirklichkeit" zu. Eine Reihe zum Teil erstaunlicher Probleme führt zu der Auffassung, daß die empirisch-wissenschaftliche Sicht in einem erheblichen Ausmaß an die spezielle Methodik ihrer eigenen Konstruktion gebunden ist. Hierdurch erscheint eine Verabsolutierung der empirisch-wissenschaftlichen Sicht zur alleinigen Wahrheit immer fragwürdiger, und es öffnet sich der Pfad zu einer pluralistischen, vielgestaltigen Sicht. Das Buch wendet sich vor allem an den technisch-naturwissenschaftlich interessierten Leser und erörtert an vielen Beispielen den Zugriff der empirischen Wissenschaft.

Preisänderungen vorbehalten

Springer-Verlag Wien New York

Sachsenplatz 4–6, P.O.Box 89, A-1201 Wien · 175 Fifth Avenue, New York, NY 10010, USA
Heidelberger Platz 3, D-14197 Berlin · 3-13, Hongo 3-chome, Bunkyo-ku, Tokyo 113, Japan

G. Fasching

Zerbricht die Wirklichkeit?

1991. 12 Abbildungen. IX, 129 Seiten.
Broschiert öS 198,–, DM 28,–
Hörerpreis: öS 158,40
ISBN 3-211-82322-0

Das vorliegende Buch faßt zwei Essays zusammen. Der erste handelt von der vermeintlichen Priorität der naturwissenschaftlichen Methode und der zweite von der scheinbaren Einzigartigkeit der damit gewonnenen naturwissenschaftlichen Sicht. Die beiden Essays spannen einen Bogen, der von der Wirklichkeit der Naturwissenschaft und Technik bis zu Fragen der Meditation und Mystik reicht. Die oft gehegte Vorstellung, daß das Gedachte in Naturwissenschaft, Philosophie und Glauben komplementäre, sich ergänzende Bilder liefert, die zuletzt in Summe zu einem eindeutigen Gesamtbild einer Realität führen, tritt in den Hintergrund. Die Bilder, die wir konstruieren, bilden offenbar nicht eine Welt ab, wie sie unabhängig von uns besteht. Das Anerkennen einer pluralistischen Denkvielfalt führt zur Toleranz gegenüber anderen Menschen, anderen Kulturen und anderem Sein.

Preisänderungen vorbehalten

Springer-Verlag Wien New York

Sachsenplatz 4–6, P.O.Box 89, A-1201 Wien · 175 Fifth Avenue, New York, NY 10010, USA
Heidelberger Platz 3, D-14197 Berlin · 3-13, Hongo 3-chome, Bunkyo-ku, Tokyo 113, Japan

G. Fasching

Sternbilder und ihre Mythen

Zweite, verbesserte Auflage.
1994. 89 Abbildungen. VIII, 310 Seiten.
Gebunden öS 485,–, DM 69,–
Hörerpreis: öS 388,–
ISBN 3-211-82552-5

„…Wem bei seinen philosophischen Höhenflügen allerdings die einfachsten Grundlagen fehlen, wer sich am Himmel ähnlich zurechtfindet wie ein Amazonasindianer im Großstadtverkehr, dem seien die 'Sternbilder und ihre Mythen' ans Herz gelegt, die der Wiener Universitätsprofessor Gerhard Fasching zusammengestellt hat … . Da werden Wegweiser-Sternkarten für das ganze Jahr gezeigt, die auch einem astronomischen Ignoranten die nächtliche Orientierung ermöglichen. Daneben werden die Sternsagen des Ovid opulent ausgebreitet, das überlieferte Wissen aus verschiedenen Kulturkreisen zitiert und wissenschaftliche Erklärungsmodelle zusammengetragen. Die moderne Weltsicht erscheint dabei nicht als der Weisheit letzter Schluß, sondern nur als derzeit anerkanntes Abbild der Wirklichkeit …"

(Ulrich Schnabel / Die Zeit)

Preisänderungen vorbehalten

Springer-Verlag Wien New York

Sachsenplatz 4–6, P.O.Box 89, A-1201 Wien · 175 Fifth Avenue, New York, NY 10010, USA
Heidelberger Platz 3, D-14197 Berlin · 3-13, Hongo 3-chome, Bunkyo-ku, Tokyo 113, Japan

Springer-Verlag
und Umwelt

Als internationaler wissenschaftlicher Verlag sind wir uns unserer besonderen Verpflichtung der Umwelt gegenüber bewußt und beziehen umweltorientierte Grundsätze in Unternehmensentscheidungen mit ein.

Von unseren Geschäftspartnern (Druckereien, Papierfabriken, Verpackungsherstellern usw.) verlangen wir, daß sie sowohl beim Herstellungsprozeß selbst als auch beim Einsatz der zur Verwendung kommenden Materialien ökologische Gesichtspunkte berücksichtigen.

Das für dieses Buch verwendete Papier ist aus chlorfrei hergestelltem Zellstoff gefertigt und im pH-Wert neutral.